# Die Seele der Pflanzen

Wolf-Dieter Storl

# Die Seele der Pflanzen

*Botschaften und Heilkräfte aus dem Reich der Kräuter*

*Fotografische Inspirationen*
*von Frank Brunke*

KOSMOS

*Rauer Kälberkropf*

# INHALT

*Junger Riesenschachtelhalm hinter einem Günsel*

*Sich öffnende Blüte der Nieswurz*

*Trollblume am Morgen*

*Einzelne Blüte des Zottigen Weidenröschens*

# Geheimnisse aus der Pflanzenwelt

*Alles Innere soll man an dem Äußeren erkennen.*
PARACELSUS

## DAS LEBENDIGE WESEN UNSERER PFLANZEN

Wir glauben die Welt zu sehen. Aber in Wirklichkeit sehen wir wenig.

Wenn wir zum Beispiel durch den Park oder einen Waldweg entlanggehen, schweifen unsere Gedanken hierhin und dorthin, wir denken an dies und das. Die Bäume mit ihrem frischen grünen Laub, die blühende Wiese, ihre Kräuter und wiegenden Halme nehmen wir lediglich nur am Rande wahr. Wenn uns plötzlich eine Fülle gelber Blüten entgegenleuchtet, checken wir das. Ach ja, Löwenzahnblüten! Alles klar. Kenn' ich schon. Unser vorwitziger Intellekt weiß schon alles, da braucht man nicht weiter hinzuschauen.

Wir gehen durch die Welt wie Halbblinde. Heutzutage mehr als in früheren Zeiten. Wir sind gar nicht mehr gewohnt, richtig zu schauen, in eine Erscheinung hineinzuschauen, hineinzusinnen.

Die moderne Technologie – der PC und Fernseher, Handy, Autos, Transrapid – hat uns hinweggezogen von der Gemächlichkeit, die für ein schauendes Wahrnehmen erforderlich ist. Sie hat uns anders erzogen als Ochsenkarren oder Schusters Rappen es einst taten. Mit der Fernbedienung zappen wir durch hundert Sender und checken in Sekundenbruchteilen, ob das ausgestrahlte Programm uns befriedigen würde. Schneller als galoppierende Pferde rasen wir über Asphaltbahnen. Landschaften schrumpfen, Gebäude, eintönig grüne oder braune Felder und wirres Grünzeug flitzen ohne Bezug vorbei, lösen sich auf. Einzelne Düfte, Farbnuancen, Gestalten, Stimmungen können wir dabei nicht mehr wahrnehmen.

So schwindet die Natur für uns, aus unserem unmittelbaren Bewusstsein; immer fremder wird sie uns. Auch die organisch gewachsene Kultur, sich windende Landstraßen, Baumalleen, die alten Gemäuer, die von vergangenen Zeitepochen raunen, lösen sich auf und regen unsere Imagination kaum mehr an.

Ja, es scheint, dass der kanadische Medientheoretiker H. Marshall McLuhan (1911-1988) mit seinem Lehrsatz „Das Medium ist die Botschaft“ *(The medium is the message)* recht hat. Damit will er sagen, dass nicht der Inhalt der Medien und der Technologien das Wesentliche ausmachen, sondern deren Einwirkung auf unser Wahrnehmen, unsere Lebensweise und soziales Verhalten. So erzog der Buchdruck die Menschen zum linearen Denken und löste die vorhergehende ikonographische, bildhafte Denkweise, die analphabetischen Gesellschaften eigen ist, ab. Nun lösen die vernetzten elektronischen Medien das unmittelbar sinnlich Vorgegebene ab, ja löschen es für uns aus. Die im Fernsehen dargestellten Dschungelgewächse sind nun näher als das Gänseblümchen auf der Wiese vor dem Haus. In diesem virtuellen globalen Dorf ist der AIDS-kranke Afrikaner näher als der kranke Alte im selben Wohnblock.

Die eigentliche Natur rückt in die Entfernung. Kinder erleben die Pflanzen im Schulbuch, im Lehrfilm, unter dem Mikroskop als Abbild oder Präparat, losgelöst vom Eingebettetsein in Mit- und Umwelt. Diese Betrachtungsweise macht die Seele zu einem „Fremden im fremden Land“.

## DIE SICHT DER KÜNSTLER

Künstler sind Menschen, die unsere Welt neu oder anders oder wahrhaftiger erleben und dieses Erleben mitteilen können. Sie lassen uns einsteigen in eine frischere, eine wesentlichere Wahrnehmung.

Frank Brunke ist ein solcher Künstler. Er ist dabei auch Gartengestalter und vor allem Pflanzenliebhaber und Pflanzenkenner, nimmt sich Zeit zum Sehen, so dass das Sehen ein Schauen wird. Er steigt aus dem rasenden Auto, kniet sich zur Pflanze hin, wandert mit seinen Sinnen, mit seinem Sehen in die Pflanze hinein, fängt an wahrzunehmen, wo ein anderer alles schon längst gecheckt hat, lässt die Pflanze durch die Sinnestore Einzug in seine Seele halten, vermählt sich mit der Pflanze und erlebt ihr unerschöpfliches Mysterium. Dazu braucht er keine esoterischen Vorstellungen von niedlichen Blumenelfen oder lichtumstrahlten Pflanzenengeln, die den Blick verzerren oder versperren. Die Erscheinung ist mehr als genug, er braucht nichts davorzustellen. Die Seele der Pflanze spricht unmittelbar zu unserer Seele. Sie begegnet uns nicht im abstrakten Denken, sondern über das Tor der Sinne.

Meditative Schau könnte man das nennen. Frank Brunke ist, ohne dass er sich je so nennen würde, ein Pflanzenschamane. Der Schamane ist nämlich jemand, der die Fähigkeit hat, hinauszugehen, über die Grenzen des gewöhnlichen, alltäglichen Wahrnehmens, in die tieferen Dimensionen. Jeder, der sich die Zeit nimmt, mit seinen Sinnen vollkommen bewusst in ein Phänomen einzutauchen, kann in diese Dimensionen – die eben keine Vorstellung oder Fantasie, sondern Wirklichkeit sind – eintreten. Was den Schamanen über den bloß Meditierenden hinaushebt ist jedoch, dass sein Schauen keine private, subjektive Erfahrung bleibt, sondern, dass er es zurückbringen kann,

*Die sich öffnenden Blüten des Wolfseisenhutes*

dass er über Tanz, Gesang, Erzählung oder Bild das Geschaute den Mitmenschen vermitteln kann. Er kann sie daran teilhaben lassen, kann sie ebenfalls das Wunder schauen lassen.

Das ist heilend, heil machend, indem es die Entfremdung zwischen der Seele des Menschen und der Seele der Natur überwindet.

Frank Brunkes Schamanenrassel und Gesang sind die Bilder, die er mit seiner Kamera einfängt. So wird er zum Lehrer. Er zeigt uns, was wir in unserem Geschwindigkeitsrausch bei all unserem hastigen Checken und Zappen übersehen. Er lehrt uns, neu zu sehen, tiefer und inniger zu sehen. Er vermittelt uns etwas vom Mysterium der Pflanzen, an denen wir achtlos vorübergehen.

Seine Bilder verbinden uns wieder mit dem Wunder, das uns in der Natur umgibt. Sie heilen den Bruch zwischen uns und der Natur, die uns trägt. Sie heilen unsere

*Dem Frühlingshimmel zugewendetes Alpenglöckchen*

Halbblindheit. Das ist notwendig in unserer Zeit. Würden wir nicht behutsamer und bewusster mit unserer Technologie, mit den Motorsägen, Baggern und Planierraupen, die die Natur sowie unsere Seelen verheeren, umgehen, wenn wir wieder sehen könnten?

In diesem Sinn ist dieses Buch nicht zum schnellen Durchblättern geeignet. Es soll ein sinnlich-ästhetischer Festschmaus für hungrige Seelen sein, kein Junk-Food-Schnellimbiss. Es soll zur liebevollen Begegnung anregen, nicht zum hastigen Konsum.

Frank Brunke vermittelt das pflanzliche Phänomen ohne künstliche Effekte, ohne besondere Apparate, Studiotechniken oder zusätzliche Beleuchtung. Es ist das Licht des frühen Morgengrauens, des Sonnenuntergangs, der Jahreszeit, das für die teilweise ungewöhnlichen Lichteffekte verantwortlich ist. Den Bildern sind oft stundenlange Beobachtungen vorausgegangen.

Für den Künstler sind Pflanzen keine Gegenstände, keine Dinge. Es sind sichtbar gewordene Lebensprozesse. Eine Pflanze ist nie gleich, sie ist im Fluss, sie tanzt ins Dasein, im Einklang mit kosmischen Rhythmen, mit dem Puls von Tag und Nacht, Jahreszeit, Wetterwechsel, Licht und Schatten. Der Zustand, in dem sie abgelichtet wurde, ist jedes Mal einmalig. Nie kann sie genau so wieder fotografiert werden.

Goethe war einer der ersten, der diese Nicht-Gegenständlichkeit der Vegetation erkannte. Sie folgt einem Rhythmus von Ausdehnung und Zusammenziehung, wächst spiralig sich windend von Knoten zu Knoten der Sonne entgegen, und immer wieder kommt es zu unerwarteten Metamorphosen. Die Pflanze ist ein geistiges Wesen – „sinnlich und zugleich übersinnlich", wie Goethe sagte –, das seine Spur durch die stoffliche Welt zieht. Die Fotos in diesem Buch lassen uns etwas vom lebenden Wesen unserer stillen grünen Geschwister ahnen.

Bei den 55 Pflanzen, die sich hier in ganz neuer Perspektive zeigen, handelt es sich keineswegs um exotische Gewächse. Es sind zum größten Teil Pflanzen, die bei uns einheimisch sind und die darauf warten, dem liebevollen Blick ihre Geheimnisse zu offenbaren.

# Pflanzen sind mehr als sie scheinen

*Suchst du das Höchste, das Größte?*
*Die Pflanze kann es dich lehren.*
*Was sie willenlos ist, sei du es wollend*
*– das ist's.*
FRIEDRICH SCHILLER, „DAS HÖCHSTE“

## LEBEN ENTSTEHT AUS DEM LICHT

So wenig wie die Fische sich des Wassers bewusst sind, in dem sie so munter schwimmen, so wenig denken die Menschen an die Pflanzen, die ihnen das Leben ermöglichen. Die Vegetation ist die Existenzgrundlage für alle anderen Lebewesen, für Menschen, Tiere, Pilze und Mikroorganismen. Pflanzen sind die einzigen Wesen, die die Fähigkeit haben, mit aufgenommenem Sonnenlicht die unbelebten, anorganischen Elemente zu beleben. Mit Hilfe dieser Lichtenergie spalten sie das Wasser ($H_2O$), um den dadurch freigesetzten Wasserstoff (H) anschließend mit Kohlendioxid ($CO_2$) zu verbinden. So entsteht der Urnährstoff, das energiegeladene Traubenzuckermolekül.

Auf diesem Zucker, diesem mineralisierten Himmelslicht, basieren alle anderen organischen Moleküle: Stärke, Eiweißstoffe, Fette, Zellulose und vieles mehr. Die grünen Alchemisten bringen also das Leben auf die Erde. Sie sind die Ernährer der anderen Lebewesen. Sie sind in diesem Sinn – genau wie es in den ältesten indoeuropäischen Schriften, den Veden, heißt – die Mütter aller Wesen.

*Ihr Kräuter, Ihr, die Ihr Mütter seid,*
*als Göttinnen rufe ich Euch an!*
AUS DER YAJURVEDA

*Kräuter, der Götter Erstgeborene,*
*geboren vor den drei Weltaltern,*
*ehren will ich Euch, in meiner Seele.*
*Ihr, mit den hundert und sieben*
*hervorragenden Eigenschaften,*
*in braune Knospen gehüllte.*
*Hunderte, o Mütter, sind Eure Tugenden,*
*und tausendfach Eure Triebe.*
AUS DER RIGVEDA (X,97)

Bei der Zuckersynthese sondern die Grüngewandeten Sauerstoff ($O_2$) als „Abfall“ aus. In den ersten Milliarden Jahren ihrer Zeit schieden sie so viel davon aus, dass sich der Himmel blau färbte, so dass der Erdplanet zu einem blauen Juwel im Weltall wurde. Vorher trug die Erde einen Ammoniak-Methanmantel und der Himmel war schwarz. Um nicht in ihren eigenen Ausdünstungen zu ersticken, brachten die Pflanzen sauerstoffverbrennende Lebewesen aus sich hervor – die Tiere und Pilze.

Die Aufgabe dieser „Abfallentsorger“ ist es, den eingeatmeten Sauerstoff an Kohlenstoff zu binden und die so entstandene Kohlensäure wieder auszuatmen. Dieses Gas, dieses heutzutage in den Medien verteufelte $CO_2$, brauchen die Pflanzen unbedingt, denn nur damit können sie ihre aus Kohlenstoffketten bestehenden Körper aufbauen. Für Tier und Mensch, denen das grüne Chlorophyll fehlt, ist der Sauerstoff Lebenselixier.

Die Atemluft – *Prana, Od, Pneuma, Spiritus* genannt – gilt in vielen Kulturen als das Element, welches es dem Geist (oder den Geistern) erlaubt, sich zu verkörpern. Es ist der Träger des beseelten Geistes, der mit jedem Atemzug in den Leib hinein- und wieder hinausflutet. Wenn die Atmung aufhört, wenn der Sauerstoff ausgeht, dann kann sich die Geistseele nicht länger im materiellen Körper aufhalten.

*Vom Regen erfrischte Knoblauchsrauke*

## WIE DIE PFLANZEN DIE TIERE SCHUFEN

Die ersten Pflanzen, die Algen, entwickelten sich im Meer, im Schoß der Urmutter. Allmählich aber eroberten die grünen Sonnenlichtschlucker mit Hilfe der Pilzorganismen das feste Land. Zuerst waren es die Sümpfe und Niederungen, welche sie, in Gestalt blütenloser Moose, Farne und Schachtelhalme, besiedelten. Mit ihnen krochen die ersten Lurche, verwandelte Fische, sowie auch einige Gliedertierchen und Weichtiere aus dem Wasser. Die stickstoffhaltigen Ausscheidungen dieser Tiere kamen den Pflanzen zugute, denn sie wirken etwa wie ein nach außen verlegtes Drüsensystem.

Nach einigen weiteren hundert Millionen Jahren verwandelten sich einige dieser Urpflanzen in Nadelbäume, Ginkgos und andere so genannte Nacktsamer. Beim Besiedeln des trockenen, felsigen Terrains schufen sie allmählich den fruchtbaren Humusboden, den es vorher nicht gab. Ihre Keimzellen übergaben die Nadelbäume nicht mehr dem Wasser oder feuchten Boden, sondern behielten sie in verklebten, schützenden, holzigen Zapfen zurück und ließen den Wind die Bestäubungsdienste ausführen. Echsen (Reptilien, Dinosaurier), die ihre Embryonen ebenfalls in dickschalige Eier hüllten, waren bei der Besiedlung des wüsten Landes ihre ko-evolutiven Weggefährten.

Wieder vergingen hundert Millionen Jahre, und wieder verwandelten sich die grünen Meister des Lebens: Nun brachten sie echte Blüten – bunte, duftende, nektargefüllte – hervor und hüllten ihre Embryonen in mit Nahrungsvorräten versehene, schützende Päckchen, die wir Samenkörner nennen. Nicht allein die Luft trägt seitdem den Pollen zum weiblichen Fruchtknoten, wie es bei den Nacktsamern der Fall ist, sondern spezialisierte Gliedertierchen – Käfer, Bienen, Schmetterlinge – verrichten nun die Liebesdienste. Das ist viel effizienter. Mit verwegenen Düften (ätherischen Ölen), schmackhaftem Pollen, süßem Nektar und einer ganzen Skala von betörenden Farben und sexuellen Lockstoffen verführen die Pflanzen diese Insekten, steuern ihr Verhalten und nehmen sie zuweilen völlig in ihren Besitz. Heute werden um die 80 Prozent der rund 300.000 Blütenpflanzenarten von Insekten bestäubt. Vor allem Bienen ermöglichen das Überleben der Blütenpflanzen – und dadurch auch unser Überleben.

So entfaltete sich die Welt und wurde bunt. Nicht nur Insekten, auch Vögel und Säugetiere verfielen dem pflanzlichen Zauber. Die gefiederten oder vierbeinigen Warmblütler hatten keine Wahl, sie wurden mit süß-saftigen Früchten und nährreichen Nüssen und Samen verführt. Die Primaten, die prähominiden Vorfahren der Menschen, verdanken vieles den Bäumen der tropischen Wälder: etwa die Fähigkeit, Farben zu sehen – was ihnen erlaubte, im grünen Blättermeer die reifen, roten oder gelben Früchte und Beeren klar zu erkennen. Da sie in den Bäumen kletterten, behielten sie die – schon im Stadium der Lurche veranlagten – fünfgliedrigen, greifenden Hände, und perfektionierten das stereoskopische, das räumliche Sehen. Die Menschenahnen, die das Sehen und Greifen nicht tadellos koordinieren konnten, fielen von den Bäumen – sie „begriffen" wortwörtlich die Welt nicht – und schieden aus dem Leben, aus der Vererbungslinie aus.

In diesem Sinn sind die Pflanzen, insbesondere die Bäume, die Ammen der Menschheit. Später waren es die Gräser mit ihren eiweißreichen Samen, die vorrangig das Schicksal der Menschheit bestimmten: Sie domestizierten den Menschen, machten ihn sesshaft und ließen ihn für sich malochen, ließen ihn ihre Nachkommen aussäen und auspflanzen: ließen ihn graben, pflügen, düngen, jäten, bewässern und hungrige Tiere abwehren.

*Blaue Teufelskralle, geschwisterliches Streben auf einer Bergwiese*

## WEISHEIT UND SPIRITUALITÄT

Im Vergleich zu den tierischen Organismen sind Pflanzen in vielen Aspekten weiter entwickelt. Der britische Naturforscher David Attenborough erklärt auf Grundlage neuester botanischer Forschungen und Zeitrafferbeobachtungen: „Pflanzen können sehen. Sie können zählen und miteinander kommunizieren. Sie haben die Fähigkeit, auf die leichteste Berührung zu reagieren und die Zeit mit geradezu unglaublicher Präzision zu registrieren ... Der Hauptgrund, warum wir diese Fähigkeit nicht wahrnehmen ist, dass Pflanzen sich größtenteils in einer anderen Zeitdimension bewegen als wir“ (Attenborough, David; *The Private Live of Plants.* London: BBC Books. 1995).

Vor allem aber sind Pflanzen Meister der chemischen Verbindungen. Jean-Marie Pelt, Professor der Pharmakologie und Botanik an der Universität Metz, drückt es so aus: „Chemisch sind die Tiere Nullen. Sie können in dieser Hinsicht so gut wie gar nichts. Nur die Pflanzen besitzen eine weit fortgeschrittene chemische Entwicklung.“ Die Tiere fressen lediglich die Pflanzen, um die vorgefertigten Moleküle zu erhalten, die sie brauchen (Pelt, Jean-Marie et al.; *Die schönste Geschichte des Lebens.* Bergisch Galdbach: Gustav Lübbe. 2000. Seite 83).

Von gefräßigen Raupen oder Käfern angeknabberte Pflanzen analysieren zuerst den Speichel dieser Pflanzenfresser; daraufhin setzen sie spezifische flüchtige Duftstoffe (Pheromone) frei, die sofort jene Raubinsektenart (Raubmilben, Wespen) anlockt, die mit dem Fressfeind der Pflanze aufräumt (Narby, Jeremy; *Intelligenz in der Natur.* Baden und München: AT-Verlag, 2006).

Auch was die Fortpflanzung betrifft, sind die Pflanzen den Tieren voraus. Nicht nur haben sie, im Gegensatz zu den Tieren, ihre Befruchtung vom Wasser abgekoppelt, sondern sie können auch die „Geburt“ bis zu einem günstigeren Zeitpunkt aufschieben. Sie können das Wachstum ihrer Embryos drastisch verlangsamen. Ein schwangeres Tier muss zu seiner ihm bestimmten Zeit gebären, egal wie die äußeren Umstände sind. Das Samenkorn des Lotos oder der Königskerze kann bis zu tausend Jahre warten, bis es keimt. Auch gibt es Pflanzen, die fast das Geheimnis der Unsterblichkeit gefunden haben. In den Urwäldern leben Bäume, deren Alter nicht bestimmt werden kann: Bricht ein Baumriese nach einigen Jahrhunderten zusammen, so bleiben immer noch seine Austriebe oder Schösslinge, die weiterwachsen und ihrerseits zu Baumriesen werden. Es ist nicht ausgeschlossen, dass der ursprüngliche Same vor etlichen zehntausenden oder gar hunderttausenden Jahren keimte.

Die Pflanzen, diese uralten Wesen, die das Leben auf die Erde brachten, die uns ernähren, uns kleiden und uns oft ein Heim geben, die uns Heilmittel für fast alle Gebrechen und Leiden zur Verfügung stellen, die uns und allen anderen Lebewesen die Luft zum Atmen schenken, diese Meister der Chemie und Erfinder der Sexualität – sind sie wirklich so niedrig und primitiv, wie wir denken? Oder könnte es sein, dass ihnen eine für uns fast unerreichbare Weisheit und Spiritualität innewohnt?

# UNERKANNTE MEISTER UNTER UNS

Unsere grünen Mitbewohner der Erde sind allgegenwärtig. Jeder sieht sie, wer aber nimmt sie wirklich wahr? Selbstverständlich lassen uns die knalligen Farben exotischer Blüten, betörender Rosenduft oder das Riesenblatt des brasilianischen „Rhabarbers“ im Park aufmerksam werden. Auch das lästige Unkraut, das unseren englischen Rasen verunstaltet oder unerlaubt im Gartenbeet wuchert, zieht unsere missgünstige Aufmerksamkeit auf sich. Aber sonst spielt das stumme, grüne Zeug in unserem alltäglichen Sinnen und Trachten keine besondere Rolle.

Oft streifte ich als Junge durch die Wälder im nördlichen Ohio. Gerne hätte ich damals gewusst, wie all die vielgestaltigen, schweigenden Gesellen, die da wuchsen, heißen. Als ich meinen Biologielehrer in der High School fragte, ob er mir die Namen nennen könne, winkte er ab: „Die sind doch völlig uninteressant, diese *weeds and scrubs*!“ In einem der wenigen Buchläden fand ich zwar ein Buch zum Thema Unkrautvernichtung, und im Pfadfinderleitbuch *(Boy Scout Manual)* wurden einige essbare Wildpflanzen erwähnt – ansonsten gab es dazu aber nichts. Wer würde schon ein Buch über die langweiligen Pflanzen kaufen? Also lernte ich, diese Mitgeschöpfe wahrzunehmen, ohne ihre Namen zu kennen.

Hat sich bis heute etwas am Stellenwert der Pflanzen für uns geändert? Vor kurzem fragte ich den Bio-Bauern, der in der Nähe unseres Hauses die Almweide betreibt: „Sag, was ist eine Pflanze?“

Verdutzt sah er mich an. Darüber hätte er nie nachgedacht, das sei ja eine hoch philosophische Frage! Dann wagte er doch eine Antwort: „Ist es nicht so, der Mensch hat Bewusstsein, das Tier Empfinden, die Pflanze verkörpert ein eher dumpfes vegetatives Lebensprinzip?“

Damit lag er ganz auf der Linie der herkömmlichen westlichen Philosophie: Der Mensch ist die Krone der Schöpfung, das mikrokosmische Ebenbild des göttlichen Geistes. Unter ihm befinden sich Tiere, die immerhin Seelen besitzen. Ohne Seele und ohne Geist sind dagegen die bescheidenen Pflanzen, die den Tieren als Futter dienen und lediglich eine Stufe über den leblosen Mineralien stehen. „Botanik“, aus dem griechischen *botán*, bedeutet lediglich „Weide, Futterkraut“.

Lange galten die Pflanzen als einfache, niedrige, bescheidene Wesen. Schon das Wort „Pflanze“ deutet das an. Die Bezeichnung wurde im 10. Jahrhundert dem lateinischen *planta* („Schößling, Setzling“) entlehnt, ein Wort, das seinerseits auf *plantare* – das heißt „mit der *planta* (Fußsohle) feststampfen oder festtreten“ – zurückgeht.

Der Begriff Vegetation ist abgeleitet vom lateinischen *vegetus*, „belebt, munter und lebhaft sein“. Das Wort, dessen indogermanische Urform auf **ueg* zurückgeht, ist verwandt mit unserem „wach“ (englisch *wake*), „wecken“, „wacker“, dem schwedischen *vacker* (= schön) und dem Sanskrit *vajra* (= Blitz, das erleuchtende Licht). Inzwischen spricht man jedoch von „vegetieren“, wenn man andeuten will, dass jemand, „wie eine Pflanze, ein ärmliches, kümmerliches Dasein fristet“. Und in der amerikanischen Umgangssprache bezeichnet *vegetable* nicht nur das Gemüse, sondern auch den Hirntoten.

Vielleicht ist die Pflanzenwelt zu groß, zu überwältigend für uns, für unseren Verstand. Vielleicht ist das der Grund, dass es uns so schwer fällt, die Pflanzenwelt wirklich wahrzunehmen und in ein angemessenes sprachliches Gewand zu kleiden? Auch andere Phänomene wie etwa der Kataklysmus der letzten Weltkriege übersteigen den menschlichen Verstand, so dass sich kaum Worte oder nur vereinfachende Reduktionismen für die unbeschreiblichen Ereignisse finden lassen.

So wohl auch mit der Wahrnehmung der Pflanzenwelt: Sie traumatisiert uns zwar nicht, aber ihr Wesen sprengt dennoch unseren Verstand. Vielleicht braucht der Mensch ein erleuchtetes Bewusstsein, um Pflanzen zu verstehen. Vielleicht muss, wie die Inder sagen, der wirkliche Pflanzenkundige ein Yogi sein, sich vom alltäglichen Verstand trennen und tief in die Versenkung gehen können. Er müsste ein Schamane sein, um die tiefere Dimension des Pflanzenwesens zu schauen oder ein Mystiker, ein Dichter, um ihren Zauber zu erfassen.

*Schattenspiel des Samenstandes eines Rauen Kälberkropfes auf dem Blatt einer Kohldistel*

## IN DEN STERNEN ZUHAUSE

Jeder Mensch ist ein Mikrokosmos. In seinem Leib befinden sich die Organzentren und das Nervensystem, die sein Leben steuern und führen. Wir haben das Gefühl, dass dasjenige, was wir unsere Individualität, unser Selbst oder unsere Seele nennen, in uns, in unserem Körper seinen Sitz hat.

Pflanzen dagegen sind viel unmittelbarer mit dem äußeren Makrokosmos, mit der umgebenden Natur, mit Wind und Wetter, mit dem Sternenhimmel und dem Erdboden verbunden. Sie haben keine inneren Organe, kein Innenleben. Ihr „Selbst" verliert sich irgendwo in der Peripherie.

Es ist die Sonne, der Mond, der Wechsel von Tag und Nacht und der Jahreszeit, die den Pflanzen ihren Pulsschlag und Lebensrhythmus geben. Die Sonne ist das von außen her pulsierende, gemeinsame Herz der Vegetation. Die Planeten geben der Pflanze andere Impulse und wirken ebenfalls von außen her auf sie ein, ähnlich wie die Organe im tierischen Organismus von innen her wirken. Das immer wachsende Wurzelwerk, die Abermilliarden absterbenden und nachwachsenden, mit Pilzflächen verquickten Wurzelhärchen, tasten sich wie Sinnesorgane durch Humus- und Erdboden und nehmen ständig Informationen, Mineralien, Wasser sowie Botschaften von anderen Lebewesen auf. Der Erdboden und das Netz von Pilzfäden sind somit sozusagen das steuernde Hirn der Pflanzen. Das flache grüne Blattwerk ist zugleich Auge und Lunge.

Wir sehen also, dass die Pflanze schon auf der Erfahrungsebene ein ganz offenes, nach außen gerichtetes, makrokosmisches Wesen ist. So auch auf der geistig-seelischen Ebene: Vergebens sucht man die Pflanzenseele im Inneren ihres stofflichen Leibes. Keine inneren Nerven, Hirne oder andere Organe sind vorhanden, welche die Träger eines Geistes oder einer Seele sein könnten. Und dennoch verhalten sich die Pflanzen äußerst intelligent: Sie kommunizieren mit beseelten Wesen über Düfte und Botenstoffe, und manchmal auch durch ihre Schönheit.

Wo lässt sich nun der Pflanzen Geist oder Seele lokalisieren? Der Philosoph und Anthropologe Max Scheler (1874-1928) spricht von der „ekstatischen" Natur der Pflanze (Scheler, Max; *Die Stellung des Menschen im Kosmos.* 1928). Ekstase, aus dem griechischen *ekstasis*, bedeutet „entrückt", „außer sich geraten", „heraustreten". Pflanzen gleichen dem komatösen Patienten und dem schwer Verunglückten oder Sterbenden, der seinen Körper von außen her wahrnimmt. Beim Menschen ist dieser Zustand des sich außerhalb Befindens eine höchst seltene und bedrohliche Ausnahme, bei den Pflanzen dagegen ist es der normale Zustand. Daher kann man sagen: Pflanzen haben zwar Geist und Seele, aber diese sind nicht innerhalb ihrer Körperlichkeit inkarniert. Ihre Seelen umweben ihre Leiber und wohnen extern, in der sie umgebenden Natur, im Wind, im Wetter, in den Wolken, im Tanz der Wandelsterne.

Ihr Geist, ihr „Ich" ist, wie es die Weisen sagen, noch weiter draußen. Von den sieben Sternen des Großen Wagens (Arktos major) , wo die sieben Rishis wachen, von dort oben, nahe des Nordsterns, schauen sie herab, die Wachen, die Wachsenden (Calasso, Roberto, *Ka.* London: Vintage. 2001; S. 163). So heißt es in der vedischen Überlieferung. In den Fixsternen, im Tierkreis befinden sich die Archetypen, die geistigen Urbilder der Pflanzen. Von dort, am Rand der phänomenalen Welt, strahlen sie nach unten und projizieren ihre schönen Gestalten auf die Erde – so berichten es die alten Überlieferungen des Westens, so heißt es noch immer in der Weltanschauung eines Rudolf Steiner.

*Morgenlicht trifft auf den jungen Blütenstand einer Waldangelika.*

## SCHAMANENREISE ZU DEN PFLANZENGEISTERN

Der Religionshistoriker Mircea Eliade (1907-1986), der Erforscher des Schamanentums, definiert Schamanen als „Meister der Ekstase" (Eliade, Mircea; *Le chamanisme et les techniques archaiques de l'extase.* 1951; deutsch: *Schamanismus und archaische Ekstasetechnik*). Der Schamane beherrscht bestimmte Techniken – Askese, Fasten, eintöniges Trommeln, Trancetanzen, Räuchern, Einnahme von geistbewegenden Substanzen oder anderen Methoden –, um sich in einen Zustand der Ekstase zu versetzen. Er reist sozusagen in die jenseitigen Dimensionen, wo sich die nicht-verkörperten Geistwesen – Ahnengeister, Gottheiten, Dämonen, Naturgeister – befinden. Durch seine Fähigkeit, aus dem alltäglichen Bewusstsein herauszutreten, kommt er auf diese Weise in die Lage, mit diesen Geistwesen zu kommunizieren und dabei Botschaften, Inspirationen und Weisungen zu empfangen.

Ein großer Schamane wird auch die Fähigkeit haben, mit den Pflanzengeistern zu sprechen und ihre Geheimnisse, etwa ihre Heilkräfte, zu erfahren. Nicht durch Versuch und Irrtum *(trial and error)* oder durch Experimente an armen Versuchstieren, wie es unsere Wissenschaftler zu tun pflegen, sondern durch die schamanische Reise in das Reich der Naturgeister und Pflanzendevas wurden und werden bei den Naturvölkern die richtigen Heilpflanzen entdeckt. Auch die angemessenen Sprüche, Lieder, Rituale und Tabus, die eine solche Kommunikation ermöglichen, erfahren die Schamanen auf diese Weise.

Das war auch in unserem Kulturkreis in vorchristlichen Zeiten der Fall. Aufschlussreich ist der im 11. Jahrhundert niedergeschriebene angelsächsische Kräutersegen *Lacnunga*, in dem die „neun Kräuter", die dem Schamanengott Woden geweiht waren, aufgezeigt werden (Storl, Wolf-Dieter; *Naturrituale.* Baden und München: AT-Verlag, 2004; Seite 177). So sprach der angelsächsische Zauberer das uralte Schamanen- und Hebammenkraut, den Beifuß *(Artemisia vulgaris)*, mit folgenden Worten an, ehe er ihn, zur richtigen Zeit und Stunde, erntete:

*Erinnere du dich, Mugwurz,*
*was du verkündetest,*
*was du anordnetest in feierlicher Kundgebung.*
*Du, älteste der Wurze,*
*Una ist dein Name.*
*Du hast Macht gegen drei und gegen dreißig,*
*du hast Macht gegen Gift und Ansteckung,*
*du hast Macht gegen das Übel,*
*das über das Land dahinfährt!*

Mit dem Wegerich sprach der germanische Heiler auf folgende Weise:

*Und du, Wegbreite, der Heilwurzel Mutter*
*(wyrta modor),*
*offen nach Osten, im Inneren mächtig,*
*über dich knarrten Karren,*
*über dich ritten Königinnen,*
*über dich schrien Bräute, über dich brüllten Stiere.*
*Allen widerstandest und widerstehst du,*
*So widerstehe dem Gift (Eiter, attre)*
*und der Ansteckung (onflyge),*
*und dem widerlichen Feind, der über das Land fährt.*

Wie bei den *Icaros*, den Pflanzenliedern der südamerikanischen Indianer, so wird auch hier der Geist der Pflanze direkt angesprochen. Er wird aufgerufen, sich auf seine Macht zu besinnen und sein Versprechen, den leidenden Menschen zu helfen, einzuhalten. Die völkerkundliche Literatur ist voll von Beispielen dieser Art Kommunikation mit Pflanzengeistern und anderen Wesen (Storl, Wolf-Dieter; *Pflanzendevas.* Baden und München: AT-Verlag. 2001).

Nebenbei muss bemerkt werden, dass es nicht die einzelne Pflanze ist, die so angesprochen wird, sondern die Überseele, der Archetypus oder das morphogenetische Feld der jeweiligen Pflanzenart. Zu Recht rechnen die Inder die Pflanzenwesen zu den *Devas*, den lichthaften freundlichen Göttern. Der Geist oder Deva etwa des Beifußes ist mit jeder Beifußstaude, die auf Erden wächst, verbunden.

Pflanzen sind wirklich mehr, als sie uns scheinen. Pflanzen sind Vermittler zwischen der dunklen feuchten Erde und der lichten Himmelswelt, zwischen dem unbelebten Mineral- und dem beseelten Tierreich. Sie sind „sinnliche-übersinnliche“ Wesen. Sie stehen mit einem Fuß in der jenseitigen, mit dem anderen in der hiesigen Welt, und vermitteln zwischen beiden. Sie sind heile Wesen. Und weil sie heil sind, können sie auch uns heilen, unsere leidenden Leiber wie auch unsere verwundeten Seelen.

Dem Pflanzenwesen kommt man vor allem durch das Tor der Sinne näher. Genaues Hinsehen, Hineinsehen, mit der Seele sehen, bis das Sehen zum Schauen geworden ist – das ist eine Voraussetzung der Annäherung. Ein Fotoapparat kann dabei dem liebenden Sehen einen Fokus geben und das Geschaute an andere weitervermitteln.

## MEDITATIVES SCHAUEN

Die Bilder in diesem Buch wurden nicht einfach geknipst. Frank Brunke nahm sich Zeit, sehr viel Zeit, um die Pflanzenwesen in ihrer Erscheinung aufzunehmen. Er nahm sich Zeit, um sich mit seiner Seele und seinen Sinnen an sie heranzutasten, ohne sich ablenken zu lassen, ohne abzuschweifen. Lange wartete er, manchmal Stunden, ehe das Leuchten der Blüte im Morgenlicht, das Glänzen des Blattes, der Tropfen am Stängel, das zaghafte Öffnen der Knospe oder der schwebende Fall eines Blütenblattes ihn im richtigen Moment veranlasste, den Auslöser zu drücken. Seine Fotos sind das Ergebnis seiner Meditation. Sie laden den Betrachter ein, mit in diese Meditation einzusteigen.

Um das zu tun, muss man sich ebenfalls Zeit gönnen. Man sollte die Bilder in Ruhe anschauen und die Wahrnehmung fließen lassen und dabei kein Detail überspringen beziehungsweise übersehen. Wenn man das wirklich tut, wird man ein kleines Wunder erleben: Wenn man das nächste Mal hinaus auf die Flur, in den Wald oder einfach in den Garten hinter dem Haus geht, wird man sie sehen, wie man sie nie zuvor gesehen hat.

Das ist eben die Aufgabe echter Künstler. Sie schenken uns ihre Sicht, sie lassen uns tiefer sehen und besser spüren und verbinden uns auf diese Weise mit unserem natürlichen Urgrund und letztendlich mit unserem eigenen Wesen. Denn – so sagten die weisen Rishis – der Betrachter und das Betrachtete sind eins: *Tat tuam asi* (Das bist du selber).

*Leuchtende Blüten der Dornigen Hauhechel*

# Das Kraut mit 500 Namen

## LÖWENZAHN

*Taraxacum officinale*

*Zähne, die niemanden beißen;*
*Schmetterlingsflügel wachsen der Seele*
*in Löwenzahnblütenwiesen;*
*lauter kleine goldene Sonnen lassen sie schweben*
*und träumen,*
*Küsse des Himmels, kühle Gänseblümchen*
*und frischgrünes Gras dazwischen.*

So stellten sich einst die europäischen Ureinwohner des bewaldeten Nordlandes den Himmel vor, als blühende Wiese, als *groni godes wang*, als Blumenmatte der Freya, als Aue der Holle.

„Was vollbringen eure Gärtner für Wunder!" Mein Zimmerkamerad Tschisi aus Liberien geriet in Ekstase, als sich übernacht der eintönig grüne englische Rasen des Ohio State University Campus in ein goldgelbes Löwenzahnmeer verwandelt hatte. Ich versuchte seinen Überschwang zu dämpfen. „Das gilt als Unkraut," erklärte ich, „noch diese Woche werden die Blumen abgemäht werden."

Er lachte, „Wolf, du willst mich veräppeln, du erzählst wieder deine Lügengeschichten!"

Am nächsten Tag ratterten schon die Rasenmäher. Tschisi konnte es nicht fassen.

Löwenzahn, Laternenblume, gelber Dickkopf, Märzblume, geele Maienblume, Sommertür, Gelling – mit über 500 Namen wirst du benannt: Als Butterblume, Schmalzblüml, Schmettenblume, Schmandbüsch oder Eierblume machst du Sahne gelb und Eigelb gelber. Als Kuhblume, Kuhblatsche, Milchstock, Ammelemaie bist du voller Milch wie eine dickbrüstige Amme.

Als Saublume, Pferdeblume, Chüngelichrut, Hasenfutter, Farrmummel, Gänsfuder, Schweinekohl, Ochsenblume gibst du dem Vieh Futter und machst schnuppernde Nasen gelb. Als Bienenblume, Immembloom und Hummelblume schenkst du den Insekten Honig.

Als Sonnenblume, Sonnenwirbel, wendest du deine Blüten der Sonne zu, öffnest sie am Morgen, schließt sie am Abend, und zeigst dich nicht, wenn graue Wolken den Himmel bedecken. Du bist die Himmelslampe, Lichtblume. Auf den Ikonen der frommen Christenleut wirst du der Sonne der Seele, dem lieben Heiland zugeordnet.

Ein letztes Mal schließt du deine Sonnenblüte, dann – o Wunder der Metamorphose – wirst du zur Kristallkugel. Als Claude Levi-Strauss in seiner Jugend dieses Pflanzenkristall gewahrte, wusste er, nicht blinder Zufall liegt der Schöpfung zugrunde, sondern Ordnung, archetypische Struktur. Den „Strukturalismus" verdankt der große Anthropologe deiner Inspiration. Für Kinder bist du nun die Pusteblume, das Elfenlamperl, der Luftballon, Himmel und Hölle, der Federkopf, das Lichtlein, das Nachtlichterl zum Ausblasen; da sagen sie den Spruch: „Das Kind geht schlafen, der Vater geht schlafen, die Mutter bläst's Lichterl aus!" Wer sämtliche Samen mit einem Mal wegbläst, kommt in den Himmel, wer das nicht vermag, kommt in die Hölle. Und wenn der Wind die winzigen Fallschirme weggetragen hat, dann bleibt nur noch der kahle Pfaffenkopf oder die Sauschnauze zurück.

Der Löwenzahnsalat, im Frühling gegessen oder die Wurzel als Tee genossen, sind bitter, regen die Galle an, helfen der Leber und Bauchspeicheldrüse. Das sollte man schon an der goldgelben Blütensignatur erkennen – so hätten es die alten Ärzte gesagt –, denn die Pflanze gehört dem Jupiter, dessen Tier der Löwe ist, und der im Körper die Leber regiert.

Bezeichnungen wie Bettseicher, Bettbrunzer, Bettpisserli, Seichkraut oder Pissblume sprechen von der entschlackenden, harntreibenden Wirkung des Löwenzahns. Eine „blutreinigende" Frühlingskur mit Löwenzahntee hilft bei Gicht, Arthritis, Akne, Pickel, sowie bei Frühjahrsmüdigkeit.

Ach, ja, da gibt es ja auch noch den Löwenzahnblütenhonig und den goldenen Löwenzahnblütenwein.

# Frühlingsbote und Muntermacher

## SCHARBOCKSKRAUT
*Ranunculus ficaria*

Wenn der Winter zur Neige ging, dann schlich einst der garstige Scharbock über Stadt und Land. Wer von diesem Krankheitsdämon befallen wurde, litt an Müdigkeit und Muskelschmerzen. Der Gaumen blutete, die Haut wurde rau, hatte keine Spannkraft, und die Knochen wurden „weich". Glücklicherweise hatte Mutter Natur ein wirksames Heilmittel bereit: das Scharbockskraut.

Kaum ist der Winterschnee geschmolzen, da durchbrechen – auf den Wiesen und unter dem Gebüsch – kleine grüne Keile den noch harten, kargen Boden. Aus ihrer Mitte treten nieren- und herzförmige, saftig grüne, fett glänzende Blätter hervor. Sie sind das erste Grün. Nun weiß man, der Winter ist auf dem Rückzug und mit ihm der Scharbock, den wir heute Skorbut nennen – und der auf Licht- und Vitamin-C-Mangel zurückzuführen ist. Die vitaminreichen Blätter – im Volksmund Butterblätter, Schmalzblätter, Fettbläder, Pfennigsalat, Glieserle oder Bodenglitzerli genannt – wurden frisch gegessen oder kamen in die Suppe.

Es dauert nicht lange, da treiben die Gräser und anderen Wiesenkräuter aus und nehmen den kleinen Fettblättern zunehmend das Licht. Gerade noch rechtzeitig treibt das Scharbockskraut Stängel in die Höhe, auf denen buttergelb glänzende Blütensterne der Sonne entgegenstrahlen und die ersten hungrigen Insekten zum Honiglaben einladen. Wie der später blühende Löwenzahn, schließt das Scharbockskraut seine Blüten nachts und an trüben Tagen.

Wegen den glänzenden goldgelben Blüten nannten die Bauern das blühende Kräutlein Butterblümchen, Schmalzblüml, Schmergel, Schmalzsternlein. Ankeblümli heißt es im Alemannischen oder – im Breisgau – die Kleine Ankemaie (*Anken* = Butter). Als *Gian* (Sonne) kannten es die alten Kelten.

Mit dem Erblühen verlieren die dunkelgrünen Blätter zunehmend an Glanz. Auch ihr Geschmack wird immer unangenehmer, ja richtig ätzend, so dass sie sich nicht mehr für den Salat eignen. Das sogenannte Protoanemonin, das sich nun bildet, kann zu Erbrechen, Darmkoliken und Nierenreizung führen. Bettler rieben sich immer wieder mit dem scharfen Saft ein, um mitleiderregende Blasen auf der Haut hervorzurufen. So ist es das Blasenkraut, Bettlerkraut oder Brennwurz. Wegen dieser Schärfe stellte der Arzt und Astrologe Nicolas Culpeper (1649) das kleine Hahnenfußgewächs unter die Herrschaft des feurigen Mars.

Im Mai ist das Scharbockskraut dann ganz verschwunden. Nur noch kleine, kartoffelgelbe, keulenförmige Brutknollen bleiben unter der Erde erhalten. Mäusebrot nennt der Volksmund sie, oder auch, mit typischem Bauernhumor, Pfaffenhödlein, Rammelhödlein, plattdeutsch Papenklooten und in der Gelehrtensprache *testiculus sacerdotialis*. Vielerorts wird das Scharbockskraut auch Feigwurz – englisch *figwort*, schwäbisch *Fickwarzenkrut* – genannt, da die Knollen an Feigwarzen erinnern. Als „Feigen" wurden früher auch Hämorrhoiden bezeichnet. Tatsächlich enthalten die zur Salbe bereiteten Brutknollen ein adstringierendes Glykosid, das die lästigen Mastdarm-Krampfadern schrumpfen lässt.

Erdgerste, Himmelsgerste, Himmlisches Manna sind weitere Benennungen für die getreidekornähnlichen Brutknospen. Bei Überschwemmungen und sintflutartigem Regen, der die Ernte vernichtete, wurden diese massiv ausgeschwemmten kleinen Knollen gesammelt, gekocht und gegessen, und retteten so die Menschen vor Krankheit und Hungertod. Solchen „Getreideregen" gab es immer wieder. In den 1940er-Jahren fiel ein „Kartoffelregen" in St. Gallen vom Himmel. Als es 1857 in Dittmannsdorf (Neiße) wieder einmal „Getreide" regnete, untersuchte der Botaniker Professor Goeppert die eingesandten Proben und stellte fest: ausgeschwemmte Scharbockskraut-Brutknospen!

# Urwesen und Lichtträger

## RIESENSCHACHTELHALM

*Equisetum telmateia, E. maximum*

*Am kühlen feuchten Waldrand lädtst du mich ein innezuhalten,*
*Riesenschachtelhalm, du Katzenwadel, Fuchsschwanz,*
*Schafellegras.*
*Mit feingliedrigen Antennen nimmst du Sonnenlichtweben auf,*
*die kristallene Klarheit des Saturn, das Pulsieren ferner*
*Galaxien.*
*Verweile mit mir, raunst du mir zu,*
*zum Lebenstanz im Morgengrauen trage ich dich,*
*Menschenkind;*
*zeige dir die lichten Sporenstaubzapfen des neuen,*
*das vermodernde Gerippe des alten Lebens;*
*lasse dich wieder Lurch, Ichthyostega, im Ursumpf werden –*
*dein eigener Ahne,*
*öffne dir wie damals vor Äonen das Stirnauge,*
*als du dich selber als Lichtengel über dem stillen Wasser*
*schweben sahst.*

Die Schachtelhalme sind wahrhafte Urwesen, lebende Fossilien. Sie waren das schon, als die Riesenechsen, die Dinosaurier lebten. Schon im Devon, im Übergang zur Steinkohlezeit, vor rund 360 Millionen Jahren, reckten Urschachtelhalme ihre starren, blattlosen, mit quirligen Seitentrieben versehenen Halme über den dampfenden, morastigen Sumpfboden empor, der Sonne entgegen. Baumhoch wuchsen sie und bildeten zusammen mit Bärlappgewächsen und Nacktfarnen tropische Wälder, deren Reste uns heute als Steinkohleablagerungen begegnen.

Wahrhafte Pionierpflanzen waren das. Das Algen-Dasein in wässriger Umwelt hatten sie hinter sich gelassen. Sie experimentierten, einen neuen Modus suchend, wie man als Pflanze auf der festen Erde, umgeben von sonnendurchfluteter Luft, am besten überlebt. Das strahlige, wärme- und lichtvermittelnde Silizium, nahmen sie zu Hilfe, um ihre noch etwas starren, rhythmisch gegliederten Triebe über Moder und Morast zu heben.

So viel von dem Mineral nahmen sie auf, dass Rudolf Steiner nicht scheute, Schachtelhalme als „pflanzliches Kiesel" zu bezeichnen. Wenn man den Schachtelhalm auf einer Ofenplatte verascht, dann bleibt ein weißes Skelett zurück, das aus bis zu 97 Prozent Silizium besteht. Auch die Sporenzapfen, die sich fast pilzartig an der Spitze der bleichen, elfenbeinweißen Frühlingssprossen bilden, tragen diese Signatur. Mit der Lupe kann man es sehen: Die sechseckigen Sporenkapseln erinnern an die typischen sechseckigen Quarzkristalle.

Mineralien und vor allem Kieselsäure machen Schachtelhalme zu Heilpflanzen. Aber nicht alle. Sumpf- und Waldschachtelhalm enthalten zu viele Alkaloide (Equisetin, Palustrin), so dass Kräuterkundige sie meiden. Der Riesenschachtelhalm eignet sich gerade noch für Bäder, die der Haut gut tun. Zur innerlichen Verwendung – als Abkochung bei Knochenbrüchen, Tuberkulose, Blasenentzündung, inneren Blutungen, Haarausfall, rissigen Nägeln – nimmt man nur den Ackerschachtelhalm.

Als die Schachtelhalme an Land gingen, summten noch keine Bienen, keine Vögel sangen ihre Lieder, kein bunter Schmetterling flatterte von Blume zu Blume. Und von warmblütigen Säugetieren war noch keine Spur. Urlurche, Nachkommen von Lungenfischen und Quastenflossern, krochen mit ihnen ans Land; auch kleine Krebse, Skorpione, Tausendfüßler und Urinsekten wie Schaben oder Riesenlibellen mit einer Flügelspannweite von bis zu 40 Zentimetern, gab es damals. Blüten waren allerdings noch nicht erfunden.

Um sich fortzupflanzen streuen die Schachtelhalme männliche und weibliche Sporen aus, die auf feuchtem Erdboden zueinander finden und sich vermählen. So ist die feuchte Erde selber der Blütenkelch für sie, ebenso wie der Tümpel für die Lurche (Frösche, Molche, Salamander) der Mutterschoß ist.

# Gefährlich wie ein Wolf

## STINKENDE NIESWURZ

*Helleborus foetidus*

Tief dringt der Blick des Fotografen in den Kelch der befruchteten Nieswurzblüte. Zärtlich leuchten die grünlichen, rötlich lila umrandeten Blütenblätter, zauberhaft die drei heranreifenden, anschwellenden Fruchtkapseln mit ihren gebogenen purpurnen Schnäbeln. Die eiförmigen schwarzen Samen werden bald reifen; ihr Geruch wird Ameisen und Schnecken anlocken, die sie dann auf den trockenen, lichten Kalkhängen verbreiten.

Nicht jeder liebt das merkwürdige Hahnenfußgewächs so sehr wie der Fotograf. Das Landvolk begegnet der recht giftigen und – wenn man die Blätter reibt – unangenehm riechenden Pflanze eher mit Misstrauen. Mundartlich wird es Stinkkraut, Stinkwurz, Jauchenblume, französisch *Pisse chien* (Hundeharn) genannt. Keineswegs sollte man den Geruch dieses Teufelskrauts in die Nase lassen, denn dann könnte man Sommersprossen bekommen.

Die Stinkende Nieswurz hat wintergrüne Blätter wie ihre nahe Verwandte, die Schwarze Nieswurz *(H. niger)*, mit der sie oft verwechselt wird, und treibt ihre glockigen hängenden Blütentrauben schon im Spätwinter. Pflanzen wie sie oder wie die Herbstzeitlose, die aus dem normalen jahreszeitlichen Rhythmus fallen, entwickeln – wie die Anthroposophen sagen – eine abnormale Astralität, d. h. sie werden giftig. Bei den Nieswurzarten sind es giftige Glykoside, die ähnlich wie das Fingerhutgift wirken. Die Symptome, welche die in der ganzen Pflanze vorhandenen Gifte auslösen, sind Sodbrennen, Speichelfluss, Erbrechen, Ohrensausen, schmerzhafter Durchfall, Herzrhythmusstörung, Atemnot und schließlich Tod durch Herzkrämpfe und Atemlähmung.

Für die alten Germanen war sie, wie alle Giftgewächse, eine „Wolfspflanze“, gefährlich und reißend wie der Wolf. Wie auch der Sturmhut *(Aconitum)* wurde sie in Köder getan, um Wölfe und Füchse zu vergiften. Um Hirsche zu töten, füllten die Kelten den Wurzelsaft in die seitliche Tülle der Pfeile oder der handgeschleuderten Lanzen. Das brachte dem getroffenen Tier den schnellen Herztod. Das Fleisch sollte durch diese Jagdmethode zarter bleiben. Versöhnt wurde das erlegte Tier mit einem Eichenzweig im Maul.

Eine dermaßen giftige Pflanze galt bereits in der Antike als Sitz eines Dämons. Und da sich ein Teufel am besten durch einen anderen Teufel austreiben lässt, benutzte man die Nieswurz als Dämonenvertreiber. Schon bei den griechischen Tempelärzten war *Helleborus* Teil der medizinischen Rituale der Katharsis, der Reinigung. Wenn ein Kranker von bösen Geistern besessen war, ließen die Ärzte ihn pulverisierte Nieswurz schnupfen, damit er sie hinausniesen konnte.

In der antiken und mittelalterlichen Heilkunde galt die Pflanze als göttliches Geschenk, das den Körper purgiert, reinigt und alles herauszieht, was nicht drin sein soll: Menstrualblut, Würmer, tote Leibesfrucht und „schlechte Säfte“. Sie vertreibt die schwarze Galle – die, wenn sie von den Gedärmen ins Hirn aufsteigt, Wahnsinn verursacht – durch heftige Durchfälle. Sie leitet gelbe Galle durch Erbrechen heraus und den Schleim (Phlegma) durch heftiges Niesen. Auch galt sie als Mittel bei Schlag, Tobsucht, Fallsucht, Krebs und Wahnsinn. Die Alten nahmen winzige Mengen der gepulverten Wurzel ein, um ihr Leben zu verlängern.

Dazu Paracelsus: „Mehr Tugend und mehr Kraft ist in diesem Kraut, als alle Schriftsteller, die auf hohen Schulen gelesen werden, jemals in Bezug auf das lange Leben geschrieben haben.“

Auch Tiere, insbesondere milzbrandkranke Schweine, wurden mit der Wurzel behandelt. Man bohrte ein Loch in das Ohr und steckte die „Setterwurz“ hindurch. „Schelmerstechen“ hieß das, denn mit dem nachfolgenden Schwitzen würde der Schelm, der Krankheitsgeist, das Weite suchen. Und somit würde das Tier durch diese Behandlung wieder geheilt werden.

# Das Kraut der Hexer

## ADLERFARN – FRÜHLINGSTRIEB
### *Pteridium aquilinum*

*Du hebst dein Haupt aus sonnengeküsster Frühlingserde wie eine grüne Schlange,*
*entfaltest deine Schwingen, wie der flügge gewordene Jungadler.*
*Schlange und Vogel – weder dies noch das –,*
*wie der Schwan, voller Zauber.*
*Wie Mistel, Tautropfen und Nebel Avalons.*
*Warst Zauberwesen den Druiden, bist Zauberwesen geblieben,*
*du Schlangenkraut, Otterföhre, du Teufelsleiter, Jesuschristuswurz.*
*Unwissend sind die, die da meinen,*
*du hättest weder Blüten noch echten Samen:*
*In der Johannisnacht, wenn die Sonne drei Sprünge macht,*
*wenn – wie zur Weihnachtsnacht – Rosse und Rinder plötzlich reden,*
*aus Seen versunkene Schlösser schwebend sich erheben*
*und weiße Jungfrauen um Erlösung flehen,*
*wenn Geisterscharen schweifend wandern und Bilwisse über Felder tanzen,*
*wenn Zwerge ihre Hochzeit feiern, die Ottern ihrem König huldigen und seltsame Melodien aus Berges Innerem ertönen,*
*dann blühst du, Farnkraut, in einem Augenblinzeln, goldgelb, blutrot, und wirfst donnernd und krachend deine Samen ab.*
*Wer des Waschens und Kämmens müßig geht, abschwört Sakrament und Gebet,*
*wer in jener Nacht nackten Leibes den magischen Kreis um sich zieht,*
*wer Zauberworte kennt und nennt, und die Farnsamen fängt,*
*„der kann den Teufel zwingen, seinen Tisch zu decken“.*
*Stichfest ist ein solcher, kugelfest, unsichtbar kann er sich machen, die Sprache der Tiere verstehen,*
*vergrabene Schätze entdecken, unedle Metalle in Gold verwandeln,*
*Glück im Spiel hat er und in der sinnlichen Liebe, hat Schutz auf gefährlicher Reise.*
*Freischütz, wird er sein, mit unfehlbarem Schuss,*
*wenn er den Zaubersamen ins Schießpulver mischt.*

Dass es tatsächlich diese Samen gibt, bezweifelte im Mittelalter niemand: „Der hät de Farnsame g'holt“, sagen die Schwaben noch immer über den, den die Glücksgöttin geküsst hat. „Wir haben das Farnsamenrezept; wir wandeln unsichtbar“, lässt uns der Barde Shakespeare im *Heinrich IV* wissen. Die Hexer, die zu Mitternacht zu Johanni den magischen Kreis mit einer Haselgerte zogen und auf einem Tuch, einer Tierhaut oder einem Königskerzenblatt die winzigen Kügelchen auffingen, waren gefürchtet – vor allem von Kirche und Obrigkeit. Die Inquisition ließ sie hinrichten. Noch im 17. Jahrhundert verurteilte die kirchliche Synode von Ferrara diesen Brauch und der bayrische Herzog Maximilian erließ ein „Landesgebot“ zur Bestrafung derjenigen, die sich Farnsamen holten.

Der weltweit verbreitete Adlerfarn ist, wie auch Schachtelhalm und Moos, eine fossile Pflanze, die seit der Steinkohlezeit vor 300 Millionen Jahren nachweislich ist, also lange bevor es Blüten, bestäubende Insekten und Samen gab. Echte Samen hat er also nicht. Anstelle von Samen bilden sich am schmalen Rand der Fiederchen die Sporenkapseln. Die Sporen keimen auf dem feuchten Boden, wo dann die Befruchtung der Eizellen stattfindet.

Dass der Farn viel magische Kraft enthält, erfahren wir auch von der heiligen Hildegard: „Der Farn enthält viel Kraft, und zwar solche Kraft, dass der Teufel ihn meidet. Die Wärme des Farns bezieht ihre Wärme von der Sonne ... Denn wie die Sonne das Dunkel erhellt, so verjagt er die Wahnbilder, und daher sind ihm die bösen Geister gram. Wo er wächst führt der Teufel nur selten seine Täuschungen durch. Er meidet und verabscheut das Haus und den Ort, wo ein Farn ist; Blitz und Hagel fallen dort selten.“ (*Liber simplicis medicinae*, Kap. XLVII)

# Indianergemüse und Flohkraut

## ADLERFARN – SOMMERTRIEB

*Pteridium aquilinum*

Auf der letzten Alp (Alm) Württembergs gedeiht der Adlerfarn recht gut. Der Weidepächter Oliver, der im Sommer das Jungvieh und einige Ochsen der Bauern hier oben weiden lässt, ist darüber wenig begeistert. Die mächtigen Schwingen des anderthalb Meter hohen Farns beschatten den Boden und unterdrücken das Gras.

Mir dagegen macht der Farn Freude. Er weckt in mir schöne Erinnerungen: Waldläufer und Trapper spielten wir Jungen in Ohios Wäldern. Am Lagerfeuer brieten wir frisch geangelten Sonnenbarsch oder ein zähes Hühnchen, das wir dem Farmer aus dem Hühnerstall geklaut hatten. Dazu gab es Wildgemüse, im Frühling immer Adlerfarntriebe. Meist haben wir diese „Fidelköpfe“ *(fiddle heads)*, die noch eingerollten Triebe, einfach in Butter gebraten oder auch, gesalzen, in Wasser weichgekocht. Wir wussten damals noch nicht, dass die köstlichen, leicht bitter schmeckenden, schleimigen Leckerbissen wegen des Ptaquilosids und anderen Inhaltsstoffen heutzutage als giftig, ja sogar als krebserregend verschrien sind. Das schienen die Indianer auch nicht zu wissen – auf jeden Fall war es eines ihrer Lieblingsgemüse. Die Waldlandindianer aßen im Frühjahr viel davon; die Jäger knabberten einige Triebe sogar roh – wie die Hirsche. Sie taten das, damit ihr Atem- und Körpergeruch sie nicht verrät, wenn sie sich bei der Jagd ganz nahe an die Hirsche heranpirschten.

Für andere Völker ist der Adlerfarn ebenfalls ein wichtiges Nahrungsmittel. Die Japaner kochen die jungen Triebe, trocknen sie und essen sie das ganze Jahr über; aus den Wurzeln (Rhizome) extrahieren sie die sogenannte *Warabi*-Stärke. Wer schon mal auf den Kanaren war, auf Gomera oder La Palma, kennt sicherlich *Gofio*, das „täglich Brot“ der Einheimischen. Es besteht aus geröstetem Mais- und Gerstenmehl, das angefeuchtet in Ziegenledersäcken geknetet und tagtäglich verspeist wird. Gofio geht auf die Sprache der Ureinwohner, der steinzeitlichen Guanchen, zurück, die anstatt Mais, den sie noch nicht kannten, gemahlene Adlerfarnwurzeln benutzten. Der Wurzelstock – der bis zu 60 Meter lang wird und nachweislich etwa 1500 Jahre alt werden kann – ist stärkehaltig (45 Prozent Stärke). Deswegen wurde er vielerorts zum Bierbrauen und als Mehlersatz verwendet. Für die Maoris auf Neuseeland war er ebenfalls das Hauptnahrungsmittel.

Der Adlerfarn weckt in mir auch noch andere Erinnerungen. Etwa als ich, ausgelaugt vom akademischen Betrieb, mich in die biologisch-dynamische Landwirtschaft flüchtete, um mich wieder mit Erde und Natur zu verbinden. Auch da begegnete mir der Adlerfarn. Der Gärtnermeister ließ uns große Mengen Wedel sammeln. Diese wurden geschreddert und als Mulch (Bodenbedeckung) für die Kartoffeln, Zuckerrüben und andere Wurzelgemüse verwendet. Sie enthalten viel Kali – 20 Prozent in den Sommerwedeln, aber nur fünf Prozent im Herbst –, einen wichtigen Nährstoff für Wurzelfrüchte, wie uns der Gärtnermeister belehrte. Auch als Einstreu für das Vieh eignet sich das Laub. Es wäre zwar giftig für sie, wenn die Tiere es fressen würden, aber mit guter Weide und gutem Heu meiden sie es. Sogar in die Hundehütte kam es, denn, so hieß es, es vertreibt die Flöhe.

Mit Adlerfarn lässt sich Färben und Gerben. Braun und Schwarz entlockten die Indianer der Pflanze. Und Heilen konnte man selbstverständlich auch damit. Der geniale Arzt und Pflanzenastrologe Nicholas Culpeper (1643) stellt ihn unter die Herrschaft des Planeten Merkur und schreibt dazu: „Die zerstampften Wurzeln, in Met gekocht und dann getrunken, töten die runden wie auch die flachen Würmer (Bandwürmer) und lassen eine verhärtete und aufgeschwollene Milz abschwellen.“ Die grünen Blätter vertreiben cholerische und wässrige Humore aus dem Magen – aber Vorsicht bei Schwangerschaft, sie wirken nämlich auch abtreibend. Die Wurzeln, in Schweineschmalz gekocht, heilen Wunden, das Wurzelpulver trocknet nässende Geschwüre aus und, schließlich, der getrocknete Farn, als Räuchermittel, vertreibt Schlangen, Mücken, Ungeziefer und wahrscheinlich auch unholde Geister.

# Die Beseelte

## ROTE HECKENKIRSCHE
*Lonicera xylosteum*

Was schaut da aus dem Grün heraus? Sind es zarte elfenbeinweiße Insekten mit ausgestreckten Fühlern, oder winzige elfenartige Geistwesen, die über das satte Grün hinausspähen? Ja, sie scheinen schon sehr „astralisiert" zu sein, diese leuchtenden Blüten der Heckenkirsche. Als astralisiert bezeichnet man jene Gewächse, die sich nicht damit begnügen, nur einfache Pflanzen zu sein: Sie nehmen viel Seelisches in sich auf, als wären sie lieber schon Tiere. Da sie selber fast „beseelt" sind, können sie unsere Seele mit ihrer Anmut, mit ihren fast betäubenden Düften am Abend ansprechen.

Wie bei den anderen Sträuchern, die zu der Familie der Geißblattgewächse *(Caprifoliaceae)* gehören – der Holunder *(Sambucus nigra)*, der Attich *(S. ebulus)*, der Gewöhnliche und der Wollige Schneeball *(Viburnum opulus; V. lantana)*, die Schnee- oder Knallbeere *(Symphoricarpos)*, das rankende Gartengeißblatt oder Jelängerjelieber *(Lonicera caprifolium)* und die vielen anderen Heckenkirschen-Arten – durchzieht ein Hauch der Giftigkeit auch dieses Gewächs. Aber das ist eben ein Wesenszug astralisierter Pflanzen.

Auffallend sind die erbsengroßen, glasartigen, hellkirschroten Beeren der Roten Heckenkirsche. Wie siamesische Zwillinge kleben sie paarweise zusammen. Für Vögel sind sie ein guter Nachtisch, für uns Menschen jedoch höchstens ein Augenschmaus. Schon die im Volksmund benannten Namen lassen uns erraten, was einen erwarten könnte, wenn man diese „Kirschen" isst: Giftbeere, Sprengbeere (sie „sprengt" den Leib), Teufelskirsche, Fluchkirsche, Scheißbeere (wirkt stark abführend) oder Hundsbeere. Lediglich die Ziegen vermögen, Blatt und Frucht dieses Geißblattgewächses ungestraft zu fressen, deswegen auch die weitere Bezeichnung Geißbeere.

Zum Glück haben die roten Beeren einen eher ätzenden, bitteren Geschmack, der uns vom Genuss abhält. Die Tollkirsche *(Atropa belladonna)* dagegen ist nicht so nett: Ihre Giftbeeren schmecken verführerisch süß. Wenn man doch so unvorsichtig ist, viele Heckenkirschen herunterzuschlucken, folgt heftiger Durchfall und Erbrechen. Bei höheren Dosierungen kann es zu Bauchkrämpfen, blutigem Durchfall, Schweißausbrüchen, Kreislaufstörungen, Nierenschädigungen und Koma kommen. Verantwortlich für diese Wirkung sind Blausäure-Glykoside.

Die Heckenkirschenarten erhielten ihren wissenschaftlichen Namen *Lonicera* zu Ehren des Frankfurter Stadtarztes und Botanikers Adam Lonitzer. Dieser Doktor, bekannt unter seinem Gelehrtennamen Lonicerus, scheint tatsächlich einen besonderen Bezug zu diesen, nach ihm benannten Geißblattgewächsen gehabt zu haben. In seinem *Kreuterbuch* (1555) erwähnt er ein „Geißblattwasser", das im Brachmonat (Juni) aus den ersten Blüten gebrannt werden soll. Dieses sei, „zur Augenhitz und entzündeten Leber gut. Des Wassers Morgens und Abends 8. oder 10. Tag getrunken ist gut fürs Herzgespan, Gezwang und Enge in der Brust. Also getrunken ist gut für Wassersucht, den Keichenden, dem Husten, macht einen langen leichten Athem, und räumet die Brust. Also getrunken vertreibt es den Lendenstein und reinigt die Nieren. Ist gut denen so sich für Aussatz besorgen, dann es reinigt das Geblüt ..."

Auch Wunden werden mit der Destillation gewaschen, Geschwülste, Fisteln, Grind und Flecken damit bestrichen. Für Milzleiden empfiehlt Lonitzer, die getrockneten Blüten, Blätter und Früchte, zu Pulver gestoßen und ein Quintlein in Wein gesotten, 40 Tage lang zu trinken. Auch bei Wolf und Krebs soll die Pflanze helfen. Heute wird die giftige Pflanze in der Phythotherapie nicht mehr gebraucht. Aber vielleicht wusste der Doktor etwas, was wir nicht mehr wissen? Die Pflanzenwelt steckt ja voller Geheimnisse.

Alte Namen für den Strauch sind Beinholz, Beinrohrholz oder Knochenholz, da das Holz hart und spröde ist wie die Knochen. Auch Storzen, Weißröhrle, Röhrholz nannte man es. Der Name Seelenholz oder Silenholz bezieht sich auf die Spule im Weberschiffchen, denn diese wurde aus dem Holz des Strauches gefertigt. Tabakröhrholz oder Tabakröhrli sind weitere Namen.

# Verführer des Fliegenvolks

## ARONSTAB

*Arum maculatum*

Die Blüte, die der in feuchten Laubwäldern wachsende Aronstab im Frühling hervortreibt, faszinierte die Menschen schon immer. Wie ein Hans Kaspar oder ein Schachtelmännlein ragt aus einer weißlich grünen, rötlich angelaufenen Blütenscheide ein nackter, bräunlich violetter Kolben heraus. Mit dem Köpfchen eines Wickelkindes verglich man ihn und nannte die Pflanze deswegen Heckenkindchen, Heckenpüppchen, Pfaffenkindle, Guggerchindli, Jude-Chindli (Zürich), Kind im Wickel oder auch Dockele (schwäbisch *Dockele* = Puppe), Puppele, Dittelichrut (Aargau, Südbaden; alemannisch *Ditti* = Wickelkind), Kindchen in der Wiege, *kindertjes-in-den-pot* (niederländisch), *Jack-in-the-box* (englisch) und so weiter.

Hier und da sah man einen Trommelschlegel (Thurgau), einen Kerzenleuchter oder einen Drachenschwanz in der bizarren Blütenform, die alten Hamburger den *Witte Beker mit den gelen Lepel* (den „weißen Bäcker mit dem gelben Löffel"). Fromme Christen dagegen deuteten den Kolben im Hüllblatt als Keule, mit der Christus gemartert wurde. In Oberbayern hieß die Pflanze daher Leidensblume. In den rotbräunlichen Flecken auf den Blättern entdeckte man des Heilands Blutstropfen, der Haarkranz unterhalb des Kolbens erinnerte an die Dornenkrone. Der Name Aronstab bezieht sich auf den alttestamentarischen Hochpriester Aaron, dem Bruder Mose. Man glaubte, die Pflanze sei aus dem ergrünenden Stab entstanden, den Aaron in die Erde stieß. Tatsächlich geht die Bezeichnung aber auf das lateinische *arundo*, „Rohr", „Pfeilschaft" zurück. Mancherorten weihte man die Blume, die sich gegen den Himmel öffnet, auch der Gottesmutter Maria.

Die für ihren derben Humor bekannten Bauern sahen weder ein Wickelkind noch ein Marterwerkzeug in der Blüte. Ein kirchlicher Bezug war dennoch gegeben. Für sie war der Kolben in der Scheide ein Pfaffenpint (*Pint* = Penis), ein Papendickel, eine Pfaffenrute oder Pfaffenzagel (mittelhochdeutsch *Zagel* = Schwanz, Penis). Der Straßburger Alchemist Brunschwyg erklärt um 1500: Der Aronstab wird so genannt, „darumb daz es eine rote gestalt hat wie ein mans rut".

Auf Insekten, insbesondere Mücken und kleine Fliegen, übt die Blüte eine unwiderstehliche Anziehung aus. Ein schweiß- und urinartiger Duft lockt sie. Dazu kommt Blütenwärme, die auf einem gesteigerten Stoffwechsel beruht. Bis zu 16° Celsius über der Außentemperatur wurden im Blütenkessel bereits gemessen. Im Glauben, ein warmblütiges Wirtstier vor sich zu haben, landen die Insekten auf dem glatten Hüllblatt und rutschen hinein in den Kessel, wo männliche Staubblüten und unterhalb die weiblichen Narben auf sie warten. Hinaus können sie nicht mehr, denn der Ausgang wird, wie bei einer Reuse, durch einen Ring steifer Haare versperrt. So gefangen müssen sie hin- und herkrabbeln. Dabei nehmen sie Pollen auf oder bestäuben die Narben. Erst wenn die Befruchtung erfolgreich war, welken die Haare der Reuse, so dass die Insekten wieder fortfliegen können.

Eine derartig ungewöhnliche Pflanze ist selbstverständlich auch eine Zauberpflanze. Am Himmelfahrtstag – „wenn der Herr nach oben fährt" – wurde die Wurzel als Liebeszaubermittel gesucht. Für Burschen war sie Teil eines Zaubermittels, um Mädchen zu verführen. Die Mädchen selber legten eine „Zehrwurz" in ihren Schuh und sprachen dazu den Spruch:

*Zehrwurzkraut, ich zieh dich in mein Schuh.*
*Ihr Junggesellen, lauft mir alle zu!*

Eine Heilpflanze war der Aronstab früher auch. Roh genossen ist sie zwar in allen Teilen giftig, aber gekocht kann man sie gut essen. Zehrwurz hieß sie, da sie gegen Auszehren (Schwindsucht) gut sei. Hildegard von Bingen kochte sie in Wein und gab sie bei „Vergichtung", „schleimigem Fieber" und bei Schwermut: „Aronstab, mit der Wärme des Weins gemischt, schwächt die Kälte der Melancholie ab und stimmt das Gemüt der Menschen froh."

# Zuhause bei Nixen und Nymphen

## GOLD-MILZKRAUT

*Chrysosplenium alternifolium*

*Kühl und feucht liebst du es,*
*zu dem Wasservölkchen, den Nixen und Nymphen gehörst du,*
*Mooswichteln pflanzen dich in ihre schattigen Gärten,*
*gurgelnde Quellen, der morastige Erlenbruch und das sumpfige Eschengehölz sind dir Heimat,*
*Lurche, Frösche, Salamander und Schnecken deine Gefährten.*
*Nicht ohne Grund nennt man dich Froschblüemli, Froschauge, Froschmäulchen, Krötenblume, Mokesauerampel – Sauerampfer der Moke, der Kröte.*
*Deine Blüten, wie blasses Gold im tiefen Grün,*
*serviert auf kleinen Tellerchen,*
*leuchten mir entgegen,*
*dort beim Graben, wo der Schnee immer besonders lang und tief liegt.*
*Du verkündest mir den unwiderruflichen Frühling.*
*Dankend bücke ich mich zu dir hinab,*
*wie jedes Jahr, bewundernd,*
*pflücke ich einige Blättchen:*
*frisch, bitter, zart schmeckend, Gesundheit versprechend.*
*Du güldenes Milzkraut, du Goldveilchen, Sonnenlicht in moosgrüner taunasser Tiefe;*
*du goldener Steinbrech, du cressson dorée machst mich gesund,*
*vertreibst die schwarzen Humore von Leber und Milz*
*mit deinem Gold, deinem wässrigen Gold.*

Das Gold-Milzkraut ist ein mit Johannis- und Stachelbeere weitläufig verwandtes Steinbrechgewächs *(Saxifragaceae)*. In der Übergangszeit April blüht es etwa einen Monat lang. Man könnte die kleine Pflanze – von einer Erwachsenenperspektive, von oben herab gesehen – mit einer Wolfsmilch verwechseln. Das tat auch die Biologielehrerin auf einer Schulexpedition. Meine kleine Tochter schwieg, mit Lehrern legt man sich nicht an, aber sie wusste, das war das Milzkraut und das kann man essen und jeden Frühling würzt der Papa seinen Salat damit.

Die unscheinbaren Blüten des Milzkrauts, umgeben von blassgelben Hochblättern, werden von Mücken und kleinen Fliegen bestäubt. Später im Jahr sieht man dann das Resultat der vielen summenden Liebeskuriere. In winzigen Bechern werden die dunklen, glänzenden, eiförmigen reifen Samen, also die pflanzlichen Embryonen präsentiert.

Um dieses Wunder zu sehen, muss man auch ganz nah an die Pflanze herangehen – von Kinderperspektive aus sozusagen. Fallende Wassertropfen, vom Regen oder von abtropfenden Blättern, sprengen sie dann heraus, so dass sie auf feuchtem Boden keimen können. Damit sie keimen, brauchen sie unbedingt einen kühlen Boden.

Auf jeden Fall hat das Milzkraut etwas Hübsches, Freundliches. Die Menschen sind angetan davon.

Goldveilchen nennen sie es. Maigold heißt es in Norwegen, Goldtröpfchen *(herbe â la goutte d'or)* in einigen Gegenden des französischen Sprachraums, Goldblatt oder Goldkraut in den slawischen Ländern. Das blasse Gelb der Blüten erinnert nicht nur an Gold, sondern auch an die Farbe des kostbarsten Geschenks der Kuh, nämlich der Butter: Es ist die Goldene Butterblume, das Schmalzkraut in Luxemburg oder das Ankeblüemli (schweitzerdeutsch *Anke* = Butter) im Oberen Emmental.

Anderswo im Kanton Bern heißt es auch Eierkraut. Das wohl weniger wegen der Farbe, sondern weil es zur Osterzeit blüht und die Bauersfrauen die stumpfgezähnten Blätter beim Färben der Ostereier verwenden, um Muster auf die Schalen zu machen. Im Emmental ist der Brauch noch ganz lebendig, ich hab es dort selbst erlebt. Vor dem Osterfest sammeln die Frauen alle Arten von gefiederten, runden oder gezackten Blättchen, etwa von Schafgarbe, Birke, Wiesenkerbel, Wiesenschaumkraut und eben dem Milzkraut. Diese binden sie mit Zwirn auf, ehe sie die Eier in den Farbtopf tauchen. Das Ergebnis sind schöne zierliche Blattmuster. Der Brauch, der auch in England und anderen nordeuropäischen Ländern zuhause ist, hat wohl vorchristliche Wurzeln und gehörte mit zum Fest der *Ostara*, der Göttin des Lichtes und Frühlings.

Wie auch der wissenschaftliche Name *Chrysosplenium* (griechisch *chrysos* = Gold; *splen* = Milz) andeutet, galt dieses Steinbrechgewächs als eine Heilpflanze der Milz. Die runde Blattform, der kühle feuchte Standort und bittere Geschmack wurden als Signatur der Milz gedeutet. Das Organ, links im Oberbauch hinter dem Magen, war für die antiken Ärzte ein Fokus saturnischer Energien. Es galt als das Saturnorgan an sich.

Die Energie des Planeten Saturn strahlt im Haarwirbel des Kopfes hinein, durchflutet den menschlichen Leib und kommt schließlich zum Ausklang in der Milz. Die Saturnenergie gibt den Knochen des Skeletts, den Zähnen und sogar der Hornhaut Form und Härte. Überhaupt wirkt Saturn verhärtend oder auch sklerotisierend. Auch seelisch kann das der Fall sein. Noch immer sagen wir über jemanden, der durch Verstocktheit, Schrulligkeit, Überspanntheit, Verdrießlichkeit oder Launigkeit auffällt, er hätte einen Spleen (vom englischen *spleen* = Milz). Die Humoralärzte der Antike und des Mittelalters führten Hyperchondrie und auch Melancholie auf eine kranke Milz zurück.

Inzwischen wissen wir, dass die Milz ein in den Blutkreislauf eingeschaltetes Lymphorgan ist, das Zellreste, Schlacken und tote Blutkörperchen abbaut und entsorgt, Lymphozyten ausbildet und eine der Hauptstätten des Abwehrsystems ist. Kann gut sein, dass das Milzkraut, dessen Signatur ja die Nähe des Wassers ist, bei Milzbeschwerden helfen kann und zur Lymphentgiftung beiträgt. Empirische Untersuchungen gibt es da kaum. Aber Wissende, wie Kräuterpfarrer Johann Künzle, geben es als Tee – zusammen mit Odermennig – bei Milzleiden. Bruno Vonarburg fügt dem hinzu, dass auch der frische Presssaft der Pflanze zur gleichen Heilanzeige verwendet werden kann.

Gegen „Verstopfung von Leber und Milz“ verschrieben es die alten Kräuterärzte. Die Volksheilkunde verwendet Milzkraut bei Krätze und „Zittrich“ (= Flechte), die auf Schlacken in Blut und Lymphflüssigkeit hindeuten. Auch bei Krankheiten der Harnorgane kam die Heilpflanze zur Anwendung. Man könnte sagen, ebenso wie das Milzkraut in der großen Natur, im Makrokosmos, das helle Sonnenlicht in das wässrige, kühle Umfeld hineinzieht, so zieht es auch im menschlichen Mikrokosmos lichthafte Bildekräfte in die Lymph- und Harnorgane hinein und durchdringt diese damit.

Im süddeutschen Sprachraum wird das Milzkraut auch Schelmkraut oder Schelmwurz genannt. Man horche auf, denn auch das ist ein Hinweis auf die Milzwirksamkeit der Pflanze. Das mittelhochdeutsche Wort *Schelm* oder *Schalm* bedeutete Pest, Seuche, insbesondere Viehseuche. Die Bauern bezeichneten vor allem den Milzbrand bei den Schweinen als „Schelm“ oder „gelben Schelm“. Milzbrand (Anthrax) ist eine oft tödlich verlaufende fiebrige Infektionskrankheit der Stalltiere, die auch auf Menschen übertragbar ist. Die Seuche beginnt mit Bläschen und Pusteln, darauf bilden sich Beulen mit Wasseransammlungen und Eiterungen, die Lymphknoten schwellen an, die Milz vergrößert und verfärbt sich. Im Irakkrieg hörte man, dass Geheimdienste mit Biowaffen experimentierten – darunter auch Anthrax. Wer weiß, vielleicht hat das kleine bescheidene Milzkraut noch eine große Aufgabe vor sich.

Eine „Krötenpflanze“ ist das Milzkraut auch. Krötenpflanzen waren im altdeutschen Sprachgebrauch jene, die gegen Gebärmutterleiden eingesetzt wurden. Die Kröte – ein heiliges Tier der alten Heiden – durfte nicht getötet werden, sie galt als Träger von Haus- und Ahnengeistern und zugleich als Symbol der Gebärmutter. Wenn diese Frühjahrsblume in Tirol und Mähren „Krötenblume“, in Graubünden „Chrottechrösch“ und in Luxemburg „Mokesauerampel“ (Moke = Kröte) genannt wird, dann bezieht sich das wohl eher auf ihren feuchten Standort als auf ihre Anwendung als Gebärmutterpflanze.

# Astralisiertes Walpurgiskraut

## HOHLER LERCHENSPORN

*Corydalis cava*

Der Lerchenssporn, eine krautige Pflanze aus der Familie der Mohngewächse (Papaveraceae), hat es eilig. Wenn die Frühlingsgöttinen – die Freya mit ihrem goldenen Schlüssel oder die lichtumstrahlte Brigid – über das Land gehen und die Pflanzen aus ihrer Winterruhe wecken, dann treibt der Lerchensporn sofort seine dreifach gefiederten bläulich grünen Blätter und saftigen Stängel aus der Winterfeuchte empor und, ehe die Bäume sich ihr Laubkleid anziehen, lodert er schon im weißen bis rotvioletten Blütenfeuer. Die Blüten schweben nicht rundstrahlig wie bei Gänseblümchen oder Margareten oberhalb des Stängels, sondern sie sitzen übereinander in dichter Traube. Wie kleine Flattertierchen sitzen sie waagerecht am Stängel und erinnern etwas an Orchideen. Die einzelnen Blüten haben eine Rücken- und eine Bauchseite, so wie bei den Tieren: Oberlippe und Unterlippe der Blüte sind rachenartig aufgesperrt und hinten haben sie einen gekrümmten, mit Honig gefüllten Sporn.

Teppichartig treten diese Blumen im März auf lehmigen Böden am Saum von Buchenwäldern, unter Gebüsch, entlang Zäunen in Weinbergen und Blumenwiesen auf, und locken ausgehungerte Bienen mit ihrem süßen schwelgerischen, fast orchideenartigen Duft und Nektar. Gegen Ende April ist das Blütenfeuer schon erloschen, die Blüte verglüht zu trockenen Schoten mit schwarzen Samen. Gelegentlich wird der Lerchensporn auch Donnerflug oder Donnerblume genannt, da man glaubte, er verwelke und schwinde, wenn es donnert. Tatsächlich ist seine Zeit vorbei, wenn die frühsommerlichen Gewitter kommen.

Die Samen haben kleine süße Anhängsel: Diese Leckerbissen locken Ameisen an, die sie verschleppen und verbreiten. Aber manchmal kommt es nicht zur Samenreife. Dann wird die Blütenpracht vom letzten Schnee überrumpelt.

Indem eine Pflanze ihrem Blütenstadium entgegenwächst, wächst sie der Sphäre der beseelten Lebewesen, der Bienen und Schmetterlinge, entgegen. In der gewaltigen Metamorphose, die beim Blühen stattfindet, wird sie selber „beseelter". Oder anders gesagt, sie wird von ihrer eigenen außerkörperlichen Seele berührt, von jener ungeborenen Seelenhaftigkeit, die – wie Paracelsus und die alten Meister sagten – in den Sternen ihren Ursprung hat.

Wenn sich diese Sternenseele, diese Astralität (griechisch *aster* = Stern) tief in den grünen vegetativen Pflanzenleib hineinversenkt, dann wird die Pflanze zwangsläufig tierähnlicher: Sie verliert das lebensnährende Grün und wird vielfarbig bunt; sie bringt Nektar und Düfte hervor, die das beseelte tierische Wesen ansprechen; ihr Stoffwechsel erzeugt Substanzen, die den Produkten des tierischen Stoffwechsels ähnlich sind; auch bildet sie, vor allem in den Blütenkelchen, ansatzweise Hohlräume, Innenräume gegenüber der Außenwelt. Im Gegensatz zu Tieren haben Pflanzen keine inneren Organe, in denen sich Beseeltheit oder Astralität verkörpern könnte. Aber in der Blüte wird der Ansatz dazu gemacht.

Beim Lerchensporn haben wir es offensichtlich mit einer stark „astralisierten" Pflanze zu tun. Schnell entzünden die Astralkräfte das Blütenfeuer in ihr; nicht nur haben die Blüten tiefe Schlünde, sondern sogar die wallnussgroße Wurzel enthält einen Hohlraum – deswegen der Name Hohler Lerchensporn oder lateinisch *Corydalis cava* (*cavus* = hohl). Und – nach dem homöopathischen Gesetz „Gleiches wirkt auf Gleiches" – wirken die rund 40 Alkaloide, die vor allem in der Knolle zu finden sind, auf den Astralleib, das Nerven- und Sinnessystem von Mensch und Tier. Zum Beispiel ist das Alkaloid Corydalin schwach narkotisch, in hohen Dosen lähmt es das Rückenmark. Corycavin erregt motorische Zentren, vermehrt Speichel- und Tränenfluss und senkt den Blutdruck. Bulbocaprin führt in höherer Dosierung zur Starre, bis hin zur Katatonie.

Ganz allgemein wirken die Auszüge der Knolle leicht dämpfend und beruhigend auf das Zentralnervensystem. An den narkotisierenden Eigenschaften erkennen wir, dass wir es mit einem Mitglied der Mohnfamilie zu tun haben.

Das römische Sprichwort *Nomen est Omen* kann bedeuten: Der Name offenbart das Wesen. Das ist auch bei den Pflanzen der Fall. Besonders die volkstümlichen Benennungen verraten viel über ihren Charakter. Der Lerchensporn bekam seinen Namen wegen des gekrümmten Honigsporns der Blüte, der an den Sporn der Vogelklaue erinnert. Hahnensporn wird er auch genannt, oder – wegen Sporn und rotem Kamm – einfach Hähnchen, Gockelhahn, Göckele, Hahnenkamme, Kikeriki oder – wenn er auf schweitzerdeutsch kräht – Gügarügü. In Friesland ist er der *Vogeltsjes-op-een-been* (Vogel auf einem Bein) und in England *birds-on-a-thorn* (Vögel auf dem Dorn). In manchen Gegenden sah man in der Blume Hoppepferdchen und Rössli, Herrgottschuhchen oder Zottelhosen.

Da der Lerchensporn mal rote, mal weiße Blüten hervorbringt, bekam er vielerorts einen Doppelnamen: Hinnla und Hahnla, Mann und Frau, Adam und Eva, Männerschuhe und Frauenschuhe, Hühner und Hahnen. Wegen der hohlen Knolle nannte man die Pflanze Hohlwurzel, Hohlknolle oder englisch *hollow root*. Da er nahe verwandt ist mit dem Erdrauch *(Fumaria)*, wurde der Lerchensporn auch Hohl-Erdrauch oder Erdrauch-mit-hohler-Wurzel genannt.

Wie der Kuckuck so ist der Lerchensporn ein Frühlingskünder, hier und da nannte man ihn Kuckuck, Kuckucksblume oder Guggerblume. Aber in den meisten Fällen ist er schon verblüht, wenn der Kuckuck ruft. In Weinbaugebieten galt es als gutes Zeichen, wenn der Samen am 1. Mai schon reif war. Denn man hatte beobachtet, dass dann der Wein gut wachsen würde. Weinblume ist übrigens ein weiterer seiner vielen Namen.

Die schwarzen Samenkörner nennt man Walperkorn, Walpurgissamen oder Phillipisamen. Der heilige Philippus, Götzenbildzerstörer und Jünger Jesu, galt als Patron des 1. Mai, bis er 1955 den Platz frei machen musste für Joseph, „den Arbeiter" – ein Zugeständnis seitens der Kirche an die Internationale. Der 1. Mai war ebenfalls der angelsächsischen Missionarin Walburga, Schwester des Bonifazius und Äbtissin des Klosters in Heidenheim gewidmet. Der Abend davor leitet die berüchtigte Walpurgisnacht ein, in der, wie man glaubte, die Hexen und Zauberer allerorts unterwegs sind. In vorchristlichen Zeiten feierte man diese Nacht als Hochzeitsnacht des jungen Sonnengottes Belenos und der Blumengöttin. Für die Kelten markierte diese heilige Nacht den Übergang von der dunklen, kalten in die helle, warme Jahreshälfte. Es war eine magische „Zwischenzeit", in der sich die diesseitige und die jenseitige Welt vorübergehend vermischen und in der nichts fixiert und alles möglich ist.

In dieser Nacht, in der gezaubert und die Zukunft erfahren werden konnte, spielte der Lerchensporn als „Walpurgiskraut" oder „Walperblume" vielerorts eine Rolle im Abwehrzauber. Behextes Vieh konnte damit beräuchert werden. In Oberfranken gab man dem Vieh in der Hexennacht zu Walpurgis ein Gemisch aus der zerriebenen Knolle, zusammen mit Butterblumen, Klee und Salz zu lecken. Kräuterfrauen und Dorfzauberer sammelten gegen Mitternacht Kraut und Samen gegen bösen Zauber und Krankheit. Wer den Samen besaß, konnte in dieser Nacht Wasser in Wein verwandeln. Vor einer solchen mächtigen Pflanze konnte man nur Respekt haben.

Lerchensporn findet in populären Heilkräuterbüchern keine Erwähnung. Nur äußerst selten wurden die eher giftigen alkaloidhaltigen Samen oder die Knolle in der Volksmedizin als Wurmmittel oder bei Regelstörung eingesetzt. Die vor der Blüte gesammelte Wurzel war einst sogar offizinell, d. h. fand in derApotheke Verwendung. Der gelehrte Matthiolus schreibt, dass der Same Kindern eingegeben werde, „die gebrochen seyn", dass er gegen Würmer und böse Schäden kräftig wirkt und gut sei bei Geschwülsten der Mandeln und, mit Pappelsalbe, bei Hämorrhoiden (*Kreuterbuch*, 1563). Für Hieronymus Bock ist die Hohlwurz ein stark schweiß- und harntreibendes Mittel gegen Gift, Pestilenz und Gelbsucht. Die Samen sind „gut dem stätigen Bauchfluß". In der heutigen Zeit findet das Alkaloid Bulbocaprin Verwendung bei Nervenerkrankungen, Parkinson, Zitterkrämpfen und Meniérscher Krankheit.

# Leben wie ein Pilz

## NESTWURZ
*Neottia nidus-avis*

Gelegentlich stößt man im feuchten moderigen Unterholz, vor allem in Laubwäldern auf ein ungewöhnliches, blass bräunliches, fast kränklich anmutendes, aufragendes Blütengebilde. Leicht könnte man es für eine Sommerwurz- oder Würgerart *(Orobanche)* halten – das sind schmarotzende Pflanzen, die andere Gewächse mit ihren Wurzeln anzapfen und ihnen den süßen Lebenssaft wegsaugen. Die spargelartig aus dem Boden hervortretenden Würger geben sich gar nicht die Mühe, sich in ein grünes Gewandt aus Chlorophyll zu kleiden. Sie lassen ihre Opfer – den Klee, die Flockenblumen, das Labkraut, den Gamander, den Thymian, den Beifuß, den Hanf, die Disteln und andere – für sie die Aufgabe erledigen, die Sonnenenergie einzufangen und das Lebenselixier Zucker zu synthetisieren.

Nein, ein solcher Vampir ist unsere hier im Knospenstadium abgebildete Pflanze, die Nestwurz, nicht. Bei genauem Hinsehen entdeckt man, dass man eine Orchidee vor sich hat. Eine ganz ungewöhnliche. Sie belästigt keine der um sie herum wachsenden Pflanzen. Bärlauch, Waldbingelkraut, Haselwurz, Zweiblatt, Seidelbast, Waldveilchen, Perlgras, Waldhirse, Salomonsiegel, Aronstab, Waldschlüsselblume, Seidelbast, die Ährige Rapunzel, die Einbeere, Waldsegge, Sanikel, Leberblümchen, Tollkirsche, Waldmeister und die anderen Bewohner des feuchten schattigen Waldes können beruhigt sein.

Aber wie und wovon ernährt sie sich? Sie hat doch, genauso wie die Würger, offensichtlich kein Chlorophyll! Was bei anderen Orchideen grüne Blätter sind, ist bei ihr zu schuppenartigen Ansätzen verkümmert. Sie ist zwar kein Vampir, gehört aber für den Grusel-Fan dennoch ins pflanzliche Gruselkabinett: Sie ist ein Leichenfresser, ein Schmarotzer. Ernährt sie sich doch von verwesenden und faulenden Stoffen, von verendeten Insekten, von Kot und verrottendem, abgestorbenem Laub. Eigentlich lebt sie wie ein Pilz. Und wie der Pilz bräuchte sie gar nicht ans Licht emporzuwachsen. Einzig um sich fortzupflanzen und um ihre winzigen Samen zu verbreiten, muss sie auftauchen und blühen. Die Blüte, von gleicher braungelber Farbe wie die ganze Pflanze, verdunstet einen eigentümlichen honigartigen Duft, der Fliegen und gelegentlich mal eine Ameise anlockt. An der Unterlippe bildet sich eine kleine Schüssel, in der Nektar ausgeschieden wird. Wenn die Insekten dort landen, um sich zu laben, kriegen sie eins „geklebt". Die Staubbeutel drücken ihnen eine schnelltrocknende Flüssigkeit mit Pollen auf, derweil sie mitgebrachten Pollen auf die Narbe abladen.

Der Name Nestwurz bezieht sich auf das nestartige Wurzelgeflecht. Auch in anderen Sprachen heißt dieses Knabenkraut so: englisch *bird's nest*; niederländisch *vogelnestje*, dänisch *fuglerede*; französisch *nid d'oiseau*; italienisch *nido d'vuello*; schon die Römer kannten es als *nidus avis* (Vogelnest). Die Wurzeln sehen aber auch aus wie ein Haufen ineinander verknäulter Würmer. Ein Gärtnerfreund mit anthroposophischem Blick meint dazu: „Die Nestwurzel hat mit den Maden der Fleischfliegen gestaltlich und auch durch ihre Verdauung große Ähnlichkeit." Die Nestwurzwurzeln verwachsen und verquicken sich mit Pilzfäden. Daher die eigenartige, aufgequollene Form. Die Pilze versorgen die Pflanze mit Wasser und notwendigen Mineralien. Gleichzeitig aber enthalten die Wurzeln besondere Zellen, welche die Pilzfäden auflösen und verdauen, um sich Stickstoff, Hormone und Enzyme anzueignen. Die clevere Orchidee ernährt sich also nicht selber. Sie wird – ohne Gegenleistung zu erbringen – von ihrem Pilzpartner, der die Zersetzungsarbeit leistet, vollkommen versorgt. Sie ist eben, wie mein anthroposophischer Freund sagt, eine „gefallene" Pflanze, so wie der Mensch ein gefallener Engel ist.

Wegen ihrer Signatur hat man früher die Nestwurz auch Wurmwurz genannt und sie als wurmtreibendes Mittel verwendet. Falsches Stierkraut ist ein weiterer Name der Pflanze. Auch als „nackende Orchis" oder Nacktmannlworzl war die Nestwurz bekannt, da sie ohne grüne Blätter, praktisch nackt, dasteht.

# Vergessenes, neu entdecktes Wundmittel

## ROTE PESTWURZ

*Petasites hybridus*

*Unter grünem Blätterdach,*
*bei den Kröten, Schnecken, Schnaken,*
*ganz nahe dort am gurgelnden Bach,*
*da sang ein Wichtelmännlein fein*
*mit zarter Stimme im Mondenschein:*
*„Neun Adern hat dein Blatt,*
*und deine Wurzel der Kräfte neun,*
*und wer dich kennt, der kann sich freun!*
*Aber die Menschen kennen dich nicht,*
*sehen dich nicht, verstehen dich nicht,*
*und sagte man's ihnen glatt ins Gesicht.*
*Menschenkinder sind viel zu dumm,*
*immer spukt's in ihrem Kopf herum.*
*Sie sollten doch vermeiden, das Hassen und das Neiden:*
*Wurmgestalt nehmen böse Tugenden an,*
*aus dem Dunklen schleichen sie sich dann heran:*
*Die roten Würmer, die pechschwarzen und knochenweißen,*
*sie quälen die Menschen mit bösem Beißen,*
*Fieberglut, Schmerz und Gliederreißen,*
*zehren am Fleisch und saugen des Lebens Saft.*
*Ach, wüssten die Menschen von deiner Kraft,*
*du Blatt mit neun Adern und Wurzel so stark!*
*Der fressenden, der saugenden Brut,*
*der zehrenden, der auslaugenden*
*stellst du bis ins Knochenmark nach, bis ins Blut.*
*Nicht mehr können sie schinden, sie müssen schwinden.*
*Wenn du erblühst, Neunkraft, vergehen Eis und Schnee;*
*vergeht des Winters Weh, du Pflanze so klug, Kraut mit*
*breitkrempligem Hut,*
*wie ihn einst der weise Hermes trug!"*
*So sang und tanzt' es auf dünnem Bein*
*und dann war's fort, das Wichtelmännlein.*

Jedesmal überwältigt einen das Staunen, wenn im frühesten Frühling, gegen Ende Februar, in der feuchten Wiese, am Flussufer, in den Gräben oder am Rande des Auenwaldes diese rötlichen Blütensprosse aus der Erde hervorbrechen. Knospende Blütentrauben erheben sich da mit kleinen weißlichen Blüten, getragen von weißgrau filzigen Stängeln mit schmalen weinroten Schuppenblättern. Nach der Winterkälte und Winterstarre kommt auch sonst Regung und Bewegung ins Pflanzenreich: Das Scharbockskraut treibt fettiggrün glänzende Blätter, purpurfarbene Brennnesseltriebe regen sich und die Haselkätzchen stäuben, aber – vielleicht abgesehen von der Schlüsselblume, die eben auch gerade anfängt zu blühen – kaum etwas ist so dramatisch wie die Pestwurzblüte.

Wie sein Vetter, der Huflattich oder auch die Weiße Pestwurz *(Petasites albus)*, treibt die Rote Pestwurz ihre Blätter erst, nachdem ihre Blüten verblüht sind. Und was für Blätter das sind! Zuerst erscheinen sie zerknittert und schrumpelig, wie Zwergenmützen, ehe sie sich zu breiten Schirmen von rund 60 Zentimeter Durchmesser ausweiten.

Die Pestwurz hat die größten Blätter von allen einheimischen Pflanzen. Natürlich, so riesig wie die Blätter der südamerikanischen Gunnera, der man in jedem zünftigen botanischen Garten begegnet, sind sie nicht. Den Rhabarber jedoch kann sie auf jeden Fall übertreffen. Schon Dioskorides, der griechische Feldarzt im Dienste der römischen Armee zur Zeit Neros, nannte den Korbblütler *Petasites*, abgeleitet von *Petasos*, „breitkrempliger Regenhut". Und als Hut mussten die Blätter immer wieder herhalten, den Kindern beim Spielen oder den Wanderern beim plötzlichen Regenguss.

Die Schnitter in Ostpreußen – so ein Bericht aus dem 16. Jahrhundert – trugen bei der Ernte die Blätter zum Schutz gegen die heiße Sonne. Hütchen, Hutblätter, Hutplacke, Haubenblatt, Bachhaube, Schirme, Regenschirm, Sonnenschirmblätter und dergleichen wird die Pestwurz in verschiedenen Mundarten genannt. In vielen Sprachen ist es nicht anders: *Somberera* heißt sie auf Spanisch, *capussi di vecia* oder *cappelotto* auf Ialienisch, *umbrella leaves* (Schirmblätter) in englischen Dialekten; und im Französischen wird sie unter anderem *grand bonnet* (große Haube),

*herbe aux chapeaux* (Hutkraut) und, recht dramatisch, *chapeaux de diable* (Teufelshut) oder *chapeaux de sorciére* (Hut des Zauberers) genannt.

In einem Zeitalter, ehe es Papier, Kunststoff oder Plastik gab, konnte man mit den Blättern allerhand machen. Zum Beispiel frisch gebutterte Butter damit einwickeln. So erhielt die Pestwurz ihren eigentlichen englischen Namen: Butterbur. In den Zeiten vor den Barbie-Puppen kleideten die Mädchen ihre aus Stroh und Lumpen gemachten oder aus Holz geschnitzten Puppenkinder in diese „Puppenblätter". Im alemannischen Raum wurde die Pestwurz deswegen auch Dittichrut (*Ditti* oder *Titti* = Wickelkind; *Chrut* = Kraut) oder *Tittiplacke* (*Placke* oder *Plagge* = Lappen, großes Blatt) genannt. Auch Ampferblätter, die ebenfalls als Mantel und Rock der Puppen dienen konnten, hießen so.

In Westfalen bezeichnete man das Pestwurzblatt auch als *Tabaksblaer* (*Blaer* = -blätter). Man benutzte die Blätter zum Strecken des Tabaks. So ähnlich wurde früher auch der nahe verwandte Huflattich verwendet. Als Rauch inhaliert wirken beide entspannend und schleimlösend auf die Lunge. Das wussten auch die Hippies, die damit ihr Marihuana streckten.

Im Hallstätter Salzberg, wo vor dreitausend Jahren keltische Knappen Mineralsalz förderten, wurden ganze geschnürte Bündel von Pestwurzblättern gefunden. Archäologen rätseln, was der Zweck dieser Blätterpakete hätte sein können. Eine der gegenwärtig gängigsten Theorien ist, dass es sich dabei um „Klopapier" gehandelt haben könne.

Die Pestwurz war auch immer eine Heilpflanze. Heute ist sie weitgehend vergessen. Und als man begann, im Zuge der Heilkräuter-Renaissance in den 1980er-Jahren, ihre krampf- und schmerzlindernde Wirkung wiederzuentdecken, da schwang man eine mächtige und gemeine Keule gegen sie. „Pyrrolizidinalkaloide" hieß das Schlagwort. Diese Alkaloide seien von der übelsten Sorte: giftig für die Leber (hepatotoxisch), Erbgut verändernd (mutagen), Krebs auslösend (karzinogen) und Fehlbildungen erzeugend (teratogen; griechisch teratos = Schreckgebilde, Ungeheuer). Etliche altbewährte Heilkräuter standen auf der Abschussliste: Die Pestwurz und der ähnlich wirkende Huflattich, der Borretsch, der Beinwell, der Wasserdost und andere Pflanzen. Da hält man sich doch lieber an die sauberen pharmazeutischen Produkte! Die haben doch bestimmt keine Nebenwirkungen – oder?

Inzwischen wissen wir, dass die Panik weit übertrieben war. Bei den Laborversuchen mit armen, gequälten Ratten wurde gemogelt, um das gewünschte pharmafreundliche Resultat zu erzielen. Diese Alkaloide können gefährlich sein, aber eine therapeutische Dosierung liegt weit unter der Gefahrengrenze. Mit denselben Kriterien könnte man auch Brot verbieten, denn es enthält ebenfalls in minimalen Dosierungen allerlei schädliche Stoffe.

Die alten Meister der Heilkunde kannten die Pestwurz gut. Von Dioskorides, Galenus und Ibn al-Baytar ist überliefert, dass sie das Kraut, unmittelbar oder zu Umschlägen verarbeitet, als kühlendes, wundheilendes Mittel bei bösartigen Geschwüren auflegen ließen. Auch Hildegard benutzt den „Huflatta major", wie sie die Pflanze nannte, als entzündungswidriges, schmerzlinderndes, trocknendes Wundheilmittel.

In der mittelalterlichen Volksheilkunde verwendeten die Kräuterfrauen vor allem die dicke, bitterschmeckende, eher widrig riechende Wurzel. Eine derart mächtige Wurzel würde tief in den Körper eindringen und den Krankheitsdämon, den windenden Wurm, stellen. Bei allen möglichen Beschwerden – Gicht, stockende Monatsblutung, Asthma, Fallsucht, Erkältung, Harnbeschwerden, Herzschwäche, Lungenerkrankung und anderen mehr – fand die Wurzelabkochung oder der Wurzelpulvertee Anwendung. Vor allem aber wurde die „Pestilenzwurzel", wie sie Kräutervater Hieronymus Bock (1539) nannte, bei der schrecklichsten aller Seuchen, der Pest oder was man für die Pest hielt, eingesetzt. „Eröffnend" wirke sie, indem sie Schweiß und Harn treibt, Schleim löst und das Gift der Pestilenz aus dem

Körper schwemmt. Leonhart Fuchs schreibt (New Kreüterbuch, 1543): „Pestilenzwurzel gedörrt und gepulvert in die bösen und umfressenden Wunden getan, heilt dieselben.

Sie ist auch köstlich Arznei wider die giftigen und pestilenzischen Fieber, ein Latwerg mit Honig daraus gemacht, treibt den Schweiß mit Gewalt aus. ... Diese Wurzel tötet die Würm im Leib, nit allein der Menschen, sondern auch der Pferde. Sie ist nützlich denen, so schwer atmen. ... Sie heilet die sehr feuchten Wunden und andere Unreinlichkeiten der Haut."

So auch Matthiolus: Die Wurzel sei „wider Pestilenz behülflich, denn sie jagt das Gift mit Gewalt durch den Schweiß". Ähnlich Nicholas Culpeper, der die Pestwurz unter die Herrschaft des „Planeten" Sonne stellt (*Herbal*, 1647) – „weil sie das Herz stärkt und die Lebensgeister erhellt" – und der sie bei Pest, Kurzatmigkeit, verzögerter Regel und Wurmbefall in Wein kochen ließ. Ähnlich auch die Aussagen der anderen Kräuterärzte.

Der Kräuterpfarrer mit dem langen weißen Bart, Johann Künzle, lässt uns wissen: „Wie der Name sagt, wurde ihr Wurzelstock früher als Mittel gegen Seuchen und Pest verwendet. Diese Heilkräfte sind auch heute nicht verloren" (Kräuterheilbuch, 1945). Und tatsächlich konnten neue wissenschaftliche Untersuchungen bemerkenswerte krampflösende, schmerzstillende, entzündungshemmende, gefäßerweiternde, anti-allergetische und ulkus-protektive Eigenschaften in der Wurzel feststellen. Besonders in der Migränetherapie haben sich Pestwurzwurzelpräparate bewährt. Weitere moderne Indikationen sind akute oder chronische Magenschleimhaut- und Zwölffingerdarm-Entzündung, vegetative Dystonie, schmerzhafte Spasmen der Gallenwege, Bronchitis, Heuschnupfen, Krampfhusten und Krämpfe der Harnwege. Die Wurzel regt auch die Herztätigkeit an und wird in England oft als harntreibendes Herztonikum eingesetzt.

Für die Jünger Rudolf Steiners, geschult im „anschauenden Denken", steht der Pestwurz ihre Heilkraft sozusagen ins Gesicht geschrieben. Wie einst Aristoteles sehen sie die Pflanze als einen „umgekehrten Menschen". Ihren „Kopf" steckt sie in die Erde, wobei die feinen Wurzeln und Wurzelhärchen, tastend und Eindrücke aufnehmend, Nervenfasern gleichen. Das Blattwerk, das sogenannte „rhythmische System", entspricht Herz und Lunge. Und die duftenden, verstäubenden Blüten sind eindeutig den Fortpflanzungsorganen zuzuordnen. Betrachtet man das intensive Wurzelwachstum der Pestwurz, dann sieht man Kräfte am Werk, die auch beim Menschen auf den Kopf, auf Nerv und Hirn, einwirken können – etwa als Migränemittel. Die mächtige Blattbildung ist Signatur einer Lungenheilpflanze und passt auch zu ihrer herzstärkenden Wirkung. Die explosive Blütenentfaltung in der nasskalten Jahreszeit ist Signatur, dass sie bei Erkältungskrankheiten wirksam sein könnte. Gleiches – so sagt das homöopathische Gesetz – wirkt auf Gleiches!

Man könnte vermuten, dass allerlei abergläubisches Brauchtum eine derart markante Pflanze umgarnt. Aber wenig ist diesbezüglich überliefert. Allein aus England erfahren wir, dass unverheiratete Bauernmädchen eine halbe Stunde vor Sonnenaufgang an einem einsamen, verlassenen Ort die Samen der Pestwurz aussäen sollen, wenn sie erfahren wollen, wer ihr zukünftiger Mann sein wird. Es muss ein Freitagmorgen sein – der Tag der Liebesgöttin Freya. Mit dem Blick nach Osten gerichtet, soll das Mädchen folgende Worte sagen:

*Ich säe, ich säe!*
*Nun, mein eigener Schatz,*
*komm her, komm her,*
*und mähe, und mähe!*

Während sie die gefiederten Samen streut, wird sie, nicht weit entfernt von ihr, den künftigen Mann mit einer Sense mähen sehen. Sie muss aber Acht geben, dass sie nicht bei dieser Vision erschrickt, denn dann würde er für immer verschwinden.

# Gesundheitsbringer der „armen Leute"

## KNOBLAUCHSRAUKE

*Alliaria petiolata*

*Gedungen unter Hecken findet man dich,*
*in schattigen Ecken, Lückenbüßer am Wegessaum,*
*dort, wo Hunde Duftmarken hinterlassen*
*und Menschen Cola-Dosen und zerknülltes Papier.*
*Grünes Völkchen, Pöbel, stinkend wie bärlauchfressende*
*Barbaren,*
*du Lauch ohne Knobeln, du Hund unter Kräutern.*
*Vornehme Römer verachteten dich, wie auch stolze Bürger.*
*Nein, ihr Kochtopf und Teller kannten dich nicht.*
*Doch fürs Bettelvolk und arme Bauern*
*warst Suppengrün und Brotbelag, Gesundheitsspender,*
*Schutz gegen Krankheiten, die da lauern,*
*warst Lebensretter und Arzt,*
*bei Gicht, erzeugt von bösem Wetter,*
*bei Magengrimmen, Blattern und Geschwür.*
*Verehrten nicht auch die alten Germanen deinen Namen,*
*weil du Teil hast an des Lauches Kraft,*
*dessen Saft, der Asen Stärkung,*
*dessen Rune, Lebenswasser und Wachstum,*
*dessen Duft – das kannten auch die Slawen –*
*den blutsaugenden Vampir vom Leibe schafft?*

Wenn man dieses Foto betrachtet, dann ist es fast als könne man den Knoblauchduft, der den großen bläulich-grün glänzenden Blättern entströmt, riechen. Es ist dieser markante Geruch, der in slawischen, romanischen wie auch in den germanischen Sprachen Namenspate des weiß blühenden Kreuzblütlers ist. Läuchel, Lauch ohne Zwiebeln, Knoblauchskraut, Knoblauchshederich, Waldknoblauch wird er im deutschen Sprachraum genannt, oder – im Anklang an Bärlauch – Ramschelwurz (Ramser, Ramschel = Bärlauch, *Allium ursinum*).

Die Duftfahne rührt vor allem von Senfölglykosiden (Glucosinolate) her. Auf diesen Senfölglykosiden beruht auch die keimhemmende und pilzwidrige Wirkung des eher bescheidenen Kräutleins. Sie wirkt jedoch nur im frischen Zustand. Der frisch gepresste Saft hilft innerlich bei Verdauungsstörungen im Zusammenhang mit Gärungen und Entzündungszuständen im Verdauungstrakt. Die Volksmedizin verwendet den Saft innerlich und äußerlich bei Gicht, äußerlich bei Geschwüren und Blattern – deswegen heißt es in Luxemburg und der Eifel auch Bloderkraut (= Blatternkraut) – und, wegen der auswurffördernden Wirkung, innerlich bei Erkältungen, die auf die Lunge schlagen.

Johann Künzle, der beliebte und erfolgreiche Schweizer Kräuterpfarrer, schreibt dazu: „Der Tee heilt innere krebsartige Geschwüre, langwierigen Katarrh und vertreibt Würmer. Als Gurgelwasser festigt die Knoblauchrauke lockere Zähne und heilt eiterndes Zahnfleisch, und Auflagen frischer Blätter heilen fließende Wunden."

Der englische Armenarzt Nicholas Culpeper schreibt, dass *garlic-mustard* den Magen wärmt und dass die zerquetschten frischen grünen Blätter gut bei offenen (ulzerierten) Beinen helfen. Für seine ärmeren Landsleute war das Kraut von April an bis Juli eine wichtige Quelle für die Vitamine A und C. Dass man es viel verwendete, zeigen die Namen, mit denen es benannt wurde: „Bettelmanns Hafer" *(beggar man's oats)* – die Schüssel Haferbrei war schon seit den heidnischen Vorfahren der Angelsachsen alltägliches Nahrungsmittel; „Senf des armen Mannes" *(poor man's mustard)*; oder „Nur Sauce" *(sauce alone)*, da es entweder nur mit Brot oder auch mit Pökelhering oder gepökeltem Schweinefleisch gegessen wurde. Wurzel und Samen wurden als scharfes Gewürz verwendet.

Bei der Knoblauchrauke geht der Volkskundler und Märchenerzähler leer aus. Abgesehen von dem bäuerlichen Glauben, dass der Knoblauchhederich manchen bösen Zauber abzuwehren vermag, gibt es wenige Überlieferungen zu der Pflanze. Was Zaubermacht und Magie betrifft, wurde sie vom mächtigen Knoblauch oder auch dem Bärlauch förmlich in den Schatten gestellt. Aber wer weiß schon, welche unausgesprochenen Geheimnisse sie noch enthält?

# Schweben im ewigen Jetzt

## GEBIRGSHAHNENFUSS

*Ranunculus aconitifolius*

*Ewigkeit ist nicht eine lange Zeit.*
*Es ist dieses Jetzt eben,*
*dieses Schweben,*
*dieser Augenblick.*
*Blütenblatt,*
*Himmelskind, du,*
*von Sternen gewoben*
*aus ätherischer Seide,*
*aus dem Licht des jungen Jahres,*
*aus Sonnenlichtes Melodie,*
*aus der Sonne Liebesstrahlen,*
*die den kalten Sumpf berührten.*
*Aus dem Schoß, Pflanze,*
*aus Erdentöchtern, die da wachsen und blühen,*
*aus einer der unzähligen, bist du geboren.*
*Du Blütenkronblatt, weiß, zart, rein,*
*solltest Hüter des Mysteriums sein,*
*Schützer des werdenden Lebens Keimes.*
*Du öffnest die Pforte dem Sonnenschein,*
*lädtst schwirrendes, summendes Völkchen zum Nektartrunk ein.*
*Und nun, nach vollbrachter Pflicht, wirst du erlöst.*
*Gelöst schwebst du in diesem Augeblick*
*und kehrst zur Erde zurück.*
*Auflösung, Erlösung.*
*Es erwartet dich die Moderwelt,*
*Pilzspore und Bakterie empfangen dich,*
*ent- und verwesen dich,*
*nehmen dir Gestalt und Halt;*
*Du, Gedanke Gottes, der du im Nichts vergehst!*
*Ich frage dich, ob nun den Buddha du verstehst?*
*Aber nein, es gibt nichts, was da verstehen kann,*
*nicht mal ein Sangham satter Pilz- und Modermönche weiß,*
*dass du einst gewesen: Du bist nicht mehr!*
*Du Engel, du Schwebender, du weiße Lichtgestalt*
*bist nicht mehr,*
*nicht mal ein Augenzwinkern lang.*
*Und wieder kommen die Sterne,*
*und wieder singen sie ihr Lied aus des Kosmos Ferne;*
*und der Sumpf, das All, die Mutter Natur gebiert dich erneut.*
*Und der Betrachter, der Schöpfer, der ist wieder erfreut –*
*wie immer und ewig.*
*Verehrung, du Teil der jungen Knospe,*
*Hüter des Samenmysteriums, du strahlender,*
*du schwebender, du ewiger Augenblick!*
*Verehrung, du fallendes Sumpfhahnenfußblütenblatt,*
*du Petalum des Ranunculus aconitifolius.*
*Ewiger Wandel, ewige Ruh. Alles ist Gleichnis,*
*raunt ein alter Meister mir zu.*

Der Gebirgshahnenfuß ist eine der rund 1200 Arten der Hahnenfußgewächse oder *Ranunculaceae*. Diese illustre Familie, zu der viele gelbe Butterblumen, aber auch die Pfingstrose, Akelei und der Eisenhut gehören, wurde den Fröschen (lateinisch *ranunculus* = Fröschlein) zugeordnet, denn sie besiedelt gerne wässrige oder feuchte Standorte. Eine schöpferische und phantasievolle Familie ist sie. Fast jede Blattform, Blütengestalt und Farbe hat sie ausprobiert. Allesamt sind es krautige Pflanzen, die kühle Luft und Feuchtigkeit mögen. Große Heilpflanzen hat die Familie jedoch kaum hervorgebracht. Ihr Saft ist meistens ätzend scharf, so dass die Hahnenfußgewächse vom Vieh gemieden werden.

Im Zeitalter der „heroischen" Medizin bereiteten die Ärzte aus verschiedenen Hahnenfußarten hautreizende, blasenziehende Mittel. Der Saft wurde, ähnlich wie Senfwickel, als Rötemittel (Rubefaziens) eingesetzt, um das Blut zur Haut zu bringen und zu erwärmen. Einst benutzten Bettler die ätzenden Säfte, um Geschwüre und Krätze vorzutäuschen; so erschienen sie mitleidsbedürftiger und konnten auf milde Gaben hoffen.

# Voller Weisheit und Kraft

## WALDENGELWURZ
*Angelica sylvestris*

*Ja, kleine Schnecke, hier bist du wohl geborgen,*
*in der bauchig aufgeblasenen Blattscheide der Waldengelwurz,*
*in einer Falte des Waldengels Gewand.*
*Im Heiligtum befindest du dich,*
*in einer Waldkapelle, im heiligen Hain,*
*einst – und noch immer – geweiht*
*dem hirschgeweihgekrönten Cernunnos, dem Lichtgott,*
*der Sonne in der Tiefe,*
*dessen Thron der schattig-feuchte Moosgrund ist.*

Schon immer empfanden die Menschen die große Erzengelwurz *(A. archangelica)*, wie auch die hier abgebildete Waldengelwurz, als einen verkörperten Lichtengel. Und als Engel oder Gottheit erscheint sie noch immer in der taufunkelnden Morgendämmerung, wenn ein Sonnenstrahl sie berührt. Hält der Betrachter inne, wird sein Herz tief berührt und der Vorhang zwischen dieser und der anderen Welt lüftet sich. Dann vermag der Waldengel in Pflanzengestalt heilende Inspirationen zu schenken.

Dieser Engel ist keine blasse Schwebegestalt, sondern ein mit Kraft und Weisheit gefülltes, fest in der Erde verwurzeltes Wesen. Edel und stark ist die Ausstrahlung dieses Schirmblütlers. Ein mannshoher glatter, weißlich gereifter, rötlicher Hohlstängel verbindet die starke aromatische Pfahlwurzel mit der wohlproportionierten kugelförmigen Dolde. Den aufgeblasenen Blattscheiden, die schützend die jungen Sprosse einhüllen, erwachsen ebenmäßige, dreifach gefiederte Blätter mit Sägezahnrändern. Ein Bild der Harmonie!

Dang Gui, „die richtige Ordnung“, nennen die Chinesen die Engelwurz. Es ist ihre beliebteste und am meisten verwendete Heilpflanze. Bei den Nordgermanen umrankten die Barden und Skalden ihre Häupter mit Kränzen aus Engelwurzlaub, der Duft und die Ausstrahlung der Pflanze gab ihnen hohe Inspiration. Auch die Christen waren für die Leuchtkraft der Pflanze empfänglich. Wilde Engelwurz oder Heiligengeistwurz nannten sie das Heilkraut. Es sei der Erzengel Raphael (hebräisch, „Heil von Gott“) höchst persönlich gewesen, der diese *Radix sancti espiriti* den Ärzten offenbarte, als er sah, dass sie nichts der Pest entgegenzusetzen hatten. Sie kam in die geistigen Getränke der Mönche und in den Theriak (Allheilmittel) der Apotheker.

Bei ihren „Sterbeläufen“ (Patientenbesuchen) in Zeiten der Pest und Seuchen kauten die Ärzte Angelikawurzel. Ein Brauch, der mehr als bloßer Aberglaube war, denn die Engelwurz hat – wie man inzwischen weiß – tatsächlich eine starke immunstärkende Wirkung und eignet sich als Tee vorbeugend bei Grippe und Erkältung. Bei Cholera und Magendarmgrippe erwies sich Engelwurz als probates Mittel. Kräuterpfarrer Künzle, der während der tödlichen Spanischen Grippe (1918) seine Patienten mit Angelika behandelte, verlor keinen einzigen von ihnen.

Nicht nur Bakterien und Viren hält der Waldengel vom Leibe, sondern – wie kann es anders sein – auch bösen Zauber und böse Geister. Die Franzosen hängten die „Wurzel des heiligen Geistes“ als Amulett ihren Kindern um den Hals, um sie vor dem bösen Blick zu bewahren. Die Wurzel, glaubte man, helfe gegen angezauberte Impotenz, wie auch gegen angezauberte Liebe. „Ich bringe dem Glückskind Engelwurz,“ soll die Hebamme bei der Geburt von Till Eulenspiegel gesagt haben, „denn die bewahrt den Menschen vor der Wollust.“

Herbal-Astrologen wie Culpeper stellen das heilsame Kraut unter die Herrschaft der Sonne im Löwen. Der Pflanzenkundige Olaf Rippe preist die wunderbare Engelwurz, denn „sie erhellt den Geist, erwärmt die Seele und reinigt die Aura“. Glücklich, wer diesen Pflanzengeist zum Verbündeten hat!

# Das Kraut der Redner und Sänger

## WOHLRIECHENDER ODERMENNIG

### *Agrimonia procera*

*Leuchtende Blütenähren,*
*winzige gelbe Wildrosen*
*ragen aus der Wiese empor,*
*Feldzeichen des kleinen Volkes,*
*joviale Lebensfreude verkündend.*

Tatsächlich macht der Anblick des Odermennigs froh. Nicht umsonst weihte man das Kräutlein dem Jupiter, dem Gott der Erntefülle und der Lebensgüte. Immer wieder entdeckten Heilkundige weitere Geheimnisse dieser Pflanze. So der pontische König Mithridates Eupator, dem sie im 1. Jahrhundert vor Christus ihre leberheilende Wirkung offenbarte. Er hatte es auch nötig, denn seit frühster Kindheit trank er das Blut vergifteter Enten, um sich gegen Giftmord zu feien. Kein Wunder, dass seine Leber streikte und er nach Heilmitteln suchen musste. Nach Überzeugung der antiken Ärzte hatte Jupiter, der Beherrscher der Leber, dem Kraut in seiner gelben Blüte seine Signatur eingeprägt. Zudem schätzte man den Odermennig als reinigendes, zusammenziehendes Wundheilmittel und – innerlich in Form einer Abkochung – als Mittel gegen Durchfälle und Ruhr.

*Garclive* nannten es die angelsächsischen schamanische Heiler, die Laece. Damit heilten von Speeren *(gar)* geschlagene, klaffende *(clive)* Wunden. Auch dass ein Mensch in Tiefschlaf verfällt, dem man dieses Garclive unter das Kissen legt, glaubten sie. Aber wie soll das gehen? *Agrimonia* hat doch gar keine psychoaktiven Inhaltstoffe.

Oder doch? Auf jeden Fall schreibt Hildegard von Bingen: „Und wenn in einem Menschen Wissen und Verstand geschwunden sind, soll sein Haupthaar geschnitten werden, weil die Haare ihn in Schrecken versetzen und daran schuld sind, dass er von Zuckungen geschüttelt wird. Dann koche man Odermennig in Wasser und wasche mit diesem warmen Wasser seinen Kopf. Ferner binde man mit einem Tuch dieses Kraut warm über sein Herz, damit er keine Herzschwäche erleide. Hierauf lege man Odermennig auf seine Stirn und Schläfen; es reinigt seine Erkenntniskraft und seinen Verstand und beseitigt seine Verrücktheit“ (*Liber simplicis medicinae*; Kap. CXIV). Weiter empfiehlt sie jemandem, „der infolge seiner Libido und Unenthaltsamkeit aussätzig wird“, in einem Kessel Odermennig zu kochen, zusammen mit viel Ysop und Gundelrebe und soviel Menstrualblut, wie er bekommen kann, und darin zu baden. Nach dem Bad soll er sich laut Hildegard mit einer Salbe aus Gänse- und Hühnerschmalz und ein wenig Hühnerkot einsalben.

Edward Bach, dessen Blütenelixiere sanfte Botschaften an die menschliche Seele vermitteln, entdeckte die Odermennig- oder *Agrimony*-Blütenessenz für Menschen, die unter einer Maske der Fröhlichkeit ihre wahren Gefühle verbergen, um sozial angenehm zu sein. Solche scheinbar glücklichen, jovialen Menschen leiden unter einem „negativen Jupiter“.

Unter einem solchen verkehrten Jupiter litt auch meine Schwägerin, als sie von der schwergewichtigen Schwiegermutter eingeladen wurde, die Enkel wieder mal zu präsentieren. Schon einen Monat voraus schnürte es ihr die Kehle zu. Beim Besuch konnte sie kaum sprechen. Nicht mal ihr Hausarzt hatte ihr helfen können. Da neben dem Haus viel Odermennig blühte, riet ich ihr: „Mach dir doch 'ne Abkochung und gurgle damit! Es ist das Kraut der Redner und Sänger, es löst die Stimmbänder.“ Sie glaubte nicht, dass es helfen würde. Trotzdem gurgelte sie damit. Es löste sich nicht nur ein grünlicher Pfropfen aus ihrem Hals, sondern sie gewann zugleich ihre Zuversicht und natürliche Fröhlichkeit wieder.

Man glaubt, der Name *Agrimonia* kommt vom griechischen *agros* = „Feld“ und *mone* = „Wohnort“, also „Feldbewohner“. Aber er könnte ebensogut von *akremon* = „Spitze des Zweiges“ bzw. von *chryseoi akremones* = „goldener Kopfschmuck“ herrühren. Und vielleicht hilft das Kraut tatsächlich, unser Kronenchakra zu reinigen, den Jupiter in uns positiv zu stimmen und uns vernünftig und fröhlich zu machen.

# Uraltes Schutzkraut, der Venus geweiht

## GEFLECKTE TAUBNESSEL

*Lamium maculatum*

*Im Frühjahr, von fernen Sternen hoher Himmel,*
*angezogen von der Liebes Macht,*
*strömen strudelnd und windend Pflanzenwesen*
*in den Erdenschoß hinab, tief ins Wonnemeer tauchend,*
*Erdenstoffe saugend, geben sich ins Dasein ganz.*
*Mit dem Glanz der Sonne erfüllt, in Staubkleider gehüllt,*
*drehen sie wirbelnd ihren Tanz,*
*blühen und treiben' s wie Kinder,*
*bis der Abend sie wieder ruft nach Hause zur Sternenheimat*
*ins Himmelszelt.*
*Ihre Kohlenstoffkörper lassen sie fallen.*
*Ihre bunten Blüten welken und verhallen wie Lieder,*
*wie entseelte Leiber liegen sie verstreut,*
*wie abgelegte Kleider, Spuren im Staub.*
*Die Erde doch, die Gütige, bewahrt,*
*treu geborgen in ihrem Schoß, der Erinnerung Samen.*
*Wie die Blume, so der Mensch!*
*Nichts vergeht, nichts kann bleiben,*
*im himmlischen-irdischen Liebesreigen.*

Taubnesseln sind taube Nesseln. Oberflächlich betrachtet, besonders ehe sie blühen, könnte man sie mit Brennnesseln verwechseln. Aber eben, ihren Blättern fehlt der Biss, sie brennen nicht und stechen nicht. In diesem Sinn sind sie „tote“ Nesseln (englisch *dead nettle*, französisch *ortie morte*) oder, wie man im Plattdeutschen sagt, „doofe“ Nesseln, Doofnetteln.

Taubnesseln – davon war man einst überzeugt – sind die Frauen der Brennnesseln. Die einen sind sanft, kühl und feucht, die anderen wehrhaft, hitzig und scharf. In der Renaissance weihte man die Taubnesseln der Venus, der Göttin der Liebe und Herrin der Geschlechtsorgane, und die Brennnessel dem Mars, dem Krieger und Beherrscher des hitzigen roten Bluts. Nach diesem Schema verwendete man beide auch als Heilpflanzen.

Die Taubnesseln waren daher eines der wichtigsten Mittel der Frauenheilkunde. Die Weiße Taubnessel *(L. album)* wurde vor allem bei Weißfluss der Frauen eingesetzt, die Rote dagegen als Blutstiller bei Menstruationsproblemen. In der Volksheilkunde wurde nicht streng zwischen den verschiedenen rötlich blühenden Arten unterschieden, etwa zwischen der Roten *(L. purpureum)* und der hier abgebildeten Gefleckten Taubnessel, da ihre Wirkungen ähnlich beurteilt wurden. Die Gefleckte Taubnessel galt, neben ihrer gynäkologischen Anwendung, außerdem auch als gutes Heilmittel bei roter Ruhr und ganz besonders bei Erkrankungen der Milz.

Die heilerische Verwendung der Roten Taubnessel ist in unserem europäischen Kulturkreis uralt. Die Ärzte der Antike nutzen sie ebenso wie die Heiler der Germanen und Kelten. Im *Lacnunga*, dem Angelsächsischen Kräutersegen, erfahren wir von einer schamanischen Heilséance, in der Krankheitsgeister über einen Hügel stürmten und dabei einen Hagel Pfeile auf ihr menschliches Opfer losließen.

Dem Lachsner (Schamane) gelingt es, die Geschosse mit einem Schild aus Lindenholz abzuwehren, die Geisterpfeile aus dem Körper des Getroffenen herauszusingen und sie zurück auf die Krankheitsdämonen zu lenken. Er schließt seinen Heilgesang mit folgenden Worten: „Werde jetzt heil! Der Herr helfe dir! Nimm dein Messer und tauche es in die Salbe.“

Aus was besteht die Salbe? Wir werden es verraten: Aus der roten Nessel *(reade netele)*, die, zusammen mit Mutterkraut und Wegerich, in Butter gekocht wird. Sie hilft bei Verwundung durch magische Pfeile, egal ob sie von Göttern (Asen), Elfen (Ylfa) oder Hexen (Haegtessan) abgeschossen wurden.

Als Wildgemüse hat man die jungen Triebspitzen auch schon seit Stammeszeiten bereitet.

# Männlein und Weiblein schön getrennt

## WALDBINGELKRAUT
## *Mercurialis perennis*

*Das Bingelkraut ist ein böser Bengel,*
*trägt seine Bällchen hoch am Stängel.*

Vor allem das Grün, das tiefdunkle Grün, der gesellig im schattigen Laubmischwald wachsenden Waldbingelkräuter beeindruckt. Bunte Blüten sucht man bei diesen Wolfsmilchgewächsen vergebens. Auch fehlt die weiße, ätzende Milch, die sonst diese Pflanzenfamilie kennzeichnet. Das Waldbingelkraut ist zweihäusig. Wie bei der Brennnessel leben weibliche und männliche Pflanzen getrennt, wie Mönche und Nonnen in ihren jeweiligen Klöstern.

Was früher die Menschen an den Bingelkräutern am meisten beeindruckte war, wie das „Männchen" ungeniert seine „Hödlein" – zwei grüne, eiförmig kugelige, behaarte Früchte – zur Schau stellt. Die alten Griechen nannten die Pflanze „Kraut des Hermes" *(Hermoû botán)*. Der Schamanengott Hermes, der Götterschelm, wurde damals als Säule, eine Herme, dargestellt, bei der nur das Gesicht und das männliche Geschlechtsorgan abgebildet wurde. In der Pflanze wähnte man, eine ähnliche Zurschaustellung zu erkennen. Die Römer nannten die Pflanze dementsprechend die „Hoden des Merkur" *(mercurialis testiculata)*, was dann später einfach zu *Herba mercurialis*, Kraut des Merkur, wurde. Das „schwächere" weibliche Bingelkraut offenbarte lediglich kleine, dünne, verstäubende Blütenteile, ihr fehlen diese Klöten. Das ist, botanisch gesehen, aber ein Irrtum. Es verhält sich gerade umgekehrt: Die weiblichen Pflanzen sind die mit den „hodenförmigen" Samen, und die männlichen diejenigen mit den verstäubenden Staubblüten.

Ein Kraut mit einer derart starken Signatur, so glaubte man, hat sicherlich eine Wirkung auf die Fortpflanzungsorgane. Bereits bei Hippokrates wurde es als Frauenkraut, zur Anregung der Periode und zur Austreibung des Mutterkuchens eingesetzt. Auch zur Geschlechtsbestimmung, wie Dioskorides schreibt: Wenn die Frau, unmittelbar nach der Monatsblutung, die fein gestoßenen Blätter des „Bingelkrautmännleins" als Zäpfchen in die Scheide einführt, dann wird ein Knabe geboren; wenn sie die Blätter des „Weibleins" einführt, dann erblickt ein Mädchen das Licht der Welt. Noch über das Mittelalter hinaus versuchte man so, das Geschlecht der Kinder zu bestimmen. Der Naturheilmittelhersteller Madaus prüfte das in Laborversuchen mit Mäusen nach und konnte zeigen, dass in rund 50 Prozent der Fälle das gewünschte Resultat eintraf.

Päddekraut und Muckenkraut sind weitere Namen des Bingelkrauts. „Pädde" oder „Mucke" bedeutet Kröte. Nicht nur, dass das Bingelkraut an feuchten lurchbewohnten Orten wächst, sondern die Kröte galt einst auch als Symbol der Gebärmutter. Die „Kröte" kann in der Frau hin- und herwandern und auch gelegentlich beißen. Deshalb opferte oder fütterte man in früheren Zeiten Kröten gegen Missgeburt oder Unfruchtbarkeit, während der Schwangerschaft oder bei der Entbindung. Das Bingelkraut wurde auch sonst als Heilpflanze verwendet: Man kochte das Laub in Hähnchenbrühe als sanftes Abführmittel, behandelte Geschwülste mit Umschlägen aus dem frisch zerstampften Kraut, kochte Salben gegen Brustentzündungen, Milchstau und Stirnhöhlenentzündungen. Die Ärzte purgierten schlechte cholerische, melancholische und wässrige Säfte (Humore) mit dem harn- und galletreibenden Kraut und behandelten Syphilis mit diesem „vegetabilen Merkur". Inzwischen hat man das Bingelkraut als Heilmittel fast vergessen. Wer aber weiß, was für Geheimnisse es noch in sich birgt?

Wie wir sehen können, stand vor allem der Bezug zur Sexualität im Vordergrund bei dieser Pflanze. So passt es, dass der Tübinger Gelehrte Rudolf Camerarius im Jahre 1694 anhand des Bingelkrauts den Fortpflanzungsmechanismus der Pflanzenwelt entdeckte. In den darauf folgenden prüderen Zeiten galt das Thema als eher delikat. Botanik galt als *risqué*, als eine „schlüpfrige" Wissenschaft, nicht zum Studium für Töchter aus gutem Haus geeignet – und manch einer zweifelte sogar an der moralischen Integrität eines Linnaeus, der die Pflanzen nach ihren sexuellen Eigenschaften klassifizierte.

# Die runde Blüte gab den Namen

## TROLLBLUME

### *Trollius europaeus*

Im frischen hochgewachsenen Gras blüht der rosa Schlangenknöterich und dazwischen himmelsblauer Vergissmeinnicht. Hier und da, an besonders feuchten Stellen, leuchten zitronengelbe Trollblumenblüten. Wie gelbe Röschen sehen sie aus, wie Butterkugeln. Es ist Mai, Pfingstzeit, wenn himmlisches Feuer die Erde wie eine geschmückte Braut erstrahlen lässt. Für die Kelten war es die Hochzeit, die Vermählung des jungen Sonnenhelden mit Flora, der schönen Tochter der Erdmutter. Die Trollblume ist Teil ihres Brautbouquets. In späteren christlichen Zeiten sah man in der Blume ein Zeichen der Jungfrau Maria in ihrer Vollkommenheit. Noch ist das Jungvieh der Bauern nicht auf den Bergweiden hier oben, noch trampeln unzählige Hufe die Wiesenpracht nicht nieder, noch fressen hungrige Mäuler das wiegende Gräser- und Kräutermeer nicht ab bis auf den Rasen.

Die gestielten Blätter dieses Hahnenfußgewächses erinnern etwas an Geranienblätter. Die gelbe Kugelblüte öffnet sich nie ganz. Botaniker sind der Ansicht, die Trollblume schütze auf diese Weise die Nektarblätter und die vielen Staubblätter vor Regen. Hummeln und Bienen sind stark genug, um sich durch die aus Kronblättern bestehende Schale hindurchzuzwängen; sonst sind es nur ganz winzige Fliegen und Käfer, die ihren Weg durch die Spalten in das Nektarparadies finden. Fliegen der Gattung *Chiastochaeta* legen sogar ihre Eier in die Fruchtknoten. Die Larven ernähren sich dann von den heranwachsenden Samen, aber einige Samen bleiben immer übrig. Auch für den Menschen lohnt es sich, der Blüte ganz nahe zu kommen und an ihr zu schnuppern. Ein unerwartet lieblicher Duft wird seinen Geruchssinn überraschen. Zart und süß ist er, etwas wie Vanille, aber doch nicht Vanille.

Wie ist diese schöne Blume zu ihrem Namen Trollblume gekommen? Der passt doch gar nicht. Die Trolle der altgermanischen Mythologie sind unholde, ungezügelte Nachtgeschöpfe, die das Tageslicht scheuen. Meist sehen sie grässlich aus, können aber ihre Gestalt wandeln. Wenn Sonnenlicht auf sie fällt, erstarren sie zu Stein. Sie leben fern von menschlichen Siedlungen in Einöden. Sie können Krankheiten bringen und Bergtrolle steigen gerne unvorsichtigen Sennerinnen nach. War die Trollblume etwa ein Abwehrzauber gegen diese Unholde? Nein, das ist nicht der Fall. Der Name Troll kommt aus dem althochdeutschen *trol* (Kugel) und *trollen* (rollen, wälzen) – hier angewendet wegen der kugeligen Blütenform. Die *trol blum* wird im 15. Jahrhundert das erste Mal erwähnt, Paracelsus (1534) nennt sie Trollenblum und der Gelehrte Konrad Gessner (1561) latinisiert den Namen zum vornehmeren *Trollius*. Dabei ist es, als Gattungsname, bis heute geblieben.

Volksnamen spielen fast alle auf die kugeligen Blüten an: In der Schweiz ist es die Rolle, Rollblume oder Bachrolle. Die gelbe Blütenkugel, die wie ein Butterballen aussieht und zu jener Zeit blüht, wenn das Vieh reichlich sahnige Milch gibt, inspirierte folgende Namen: Schmalzblume (oberdeutsch Schmalz = ausgelassene Butter), Butterköpf, Butterbolle, Ankeballe (Anke = Butter), Butterkugel, Butterrosen, englisch *butter basket* oder auch skandinavisch *smörballer* (Smör = Butter). Als Blume der Maria ist sie die Muttergottesrolle; da sie auf Sumpfwiesen wächst, nennt man sie Adebarglocken, nach dem kinderbringenden Storch Adebar, dem Vogel der Frau Holle. Pfingstknopf und Pfingstrolle weisen auf die Blühzeit hin.

Jede Rose hat ihre Dornen, so auch diese Butterrose: Sie ist leicht giftig. Wie die verwandte Akelei enthält sie das Alkaloid Magnoflorin, das, wenn innerlich genommen, die Schleimhäute des Verdauungstrakts reizt, zu blutigen Durchfällen und Koliken führt und Symptome ähnlich wie bei einer Nikotinvergiftung hervorrufen kann. Aus diesem Grund meidet es das Vieh; getrocknet im Heu, ist es jedoch unbedenklich.

Einst gab es regelrechte Trollblumenwiesen. Sie wurden Opfer des Fortschritts: Entwässerung, Landwirtschaftschemie und häufiges Mähen machten sie zur Seltenheit. Sie ist heute geschützt.

# Im Einklang mit den Sonnenrhythmen

## RAUER KÄLBERKROPF

*Chaerophyllum hirsutum*

*Mittsommer ist's. Vor Augen liegt ein Blütenmeer,*
*eine zersprühende schäumende rosaweiße Gischt.*
*Drin tummelt sich ein ganzes Heer*
*– Krabbelkäfer, Fliegenvölkchen – bunt gemischt.*
*Und all das dort, an jenem feuchten Ort,*
*auf sumpfmorastigem Boden, dem kalten,*
*wo sich Schnee und Frost besonders lange halten.*
*Boden, der keinem Bauern Freude bringt,*
*wo das Vieh bis zum Knie, im Matsch einsinkt,*
*da explodieren nun Sternenwölkchen überm Gründickicht*
*der Erde,*
*Antwort auf Sommerglut und kosmisch Licht.*

Der Raue oder Behaarte Kälberkropf ist auf den feuchten, humosen, leicht kalkhaltigen Böden der Feuchtwiesen und Bachsäume in den Alpen, zentraleuropäischen Mittelgebirgen und anderen Bergregionen – Pyrenäen, Apenninen, Balkan, Karpaten – zuhause. Als Heilpflanze kommt er kaum in Frage, da er eher giftig ist. Da das Weidevieh ihn nicht besonders mag, mögen ihn auch die Bauern nicht. Für sie ist es der Hundgiersch: eine Pflanze für die Hunde; eine, die nicht viel wert ist, ein verdammtes Teufelskraut oder, wie man in Bern sagt, ein *Rosschümmi*, ein Kümmel für Pferde, ein grobes Gewächs.

Anderswo kennt man die Pflanze als Bergkerbel, Bergkörfel, Bergkörbel, Wilder Petersül, Wutscherlich, Wüterich, Wasserkraut, Schwellkraut. Warum er früher im Riesengebirge Christinakrettich hieß, lässt sich nicht sagen. Der Same wurde dort anscheinend den kalbenden Kühen zum Abtreiben der Nachgeburt gegeben. Im alemannischen Raum gehört der Kälberkropf mit zu den „Eierkräutern“; das sind Kräuter, deren Blätter man mit Bindfaden an den Ostereiern befestigte, ehe man sie in Farbe tauchte, um ein schönes Muster zu machen. Das ist aber auch alles, was man diesem Doldengewächs abgewinnen konnte.

Für den Ästheten und Naturliebhaber, der nicht unbedingt auf praktischen Nutzen erpicht ist, hat der Kälberkropf jedoch seinen besonderen Reiz. Er lebt in völligem Einklang mit den Sonnenrhythmen. Er überwintert zurückgezogen im feuchtkalten Boden unter der Schneedecke, in ausdauernden, walzigen, kriechenden Wurzeln (Rhizomen), bis die Sonne ihn zu neuem Leben erweckt. Mit den milderen, länger werdenden Tagen treibt der Schirmblütler gerillte, glatte oder auch behaarte Stängel – die Pflanze ist unendlich variabel – bis über einen Meter in die Höhe. Die flaumig behaarten Blätter sind dreizählig und, im Vergleich zu vielen Schirmblütlern, recht breit und flächig. Auf diese Weise sind die Blätter in der feuchten Umgebung zur Wasserverdunstung bestens geeignet.

Wenn die Sonne ihren sommerlichen Zenit in den Zwillingen erreicht, öffnen sich die Blütenschirme in zersprühender Hingabe an den Kosmos. Jeder Strahl der Dolde bringt noch einmal „Döldchen“ hervor. Sogar die Staubfäden sprühen auseinander nach oben und außen. Es ist fast wie ein meisterhaft inszeniertes, mehrstöckiges Feuerwerk, ein Widerhall des vom Kosmos hereinströmenden Lichts und der Sonnenwärme. Die blühenden Dolden über dem Blattwerk sehen aus wie schwebende Sternenwölkchen. Der stäubende, duftende Blütenteppich mischt sich im fließenden Übergang mit dem Völkchen der emsigen, summenden, krabbelnden Insekten. Eine natürliche Dialektik kommt hier zum Ausdruck: Die kalte, wässrige Wurzelwelt wird aufgewogen durch ein Blühen, das sich bedingungslos an Licht, Luft und Wärme hingibt. Keine Beeren oder saftigen Früchte werden nach der Blütenfeuerorgie gebildet, sondern, wie Asche, nur trockene, dunkelbraune Samen.

Etwa 300 Gattungen Doldenblütler mit rund 3000 Arten gibt es. Die Unterfamilie der *Apioideae* enthält 260 Gattungen, darunter die Gattung der Kälberkröpfe mit etwa 40 Arten. Die Unterfamilie erstreckt sich über eine Skala, die von Gemüse wie Sellerie und Pastinaken bis hin zu gefährlichen Giftgewächsen wie Schierling und Wasserschierling reicht. Die leicht giftigen Kälberkröpfe nehmen eine Mittelposition ein.

# Von sanftem und gütigem Wesen

## WEISSE TAUBNESSEL
### *Lamium album*

*Sanfte weiße Täubchen,*
*Venusvögelchen im weißen Kleid,*
*im mehrstöckigen Taubenschlag,*
*aneinandergeschmiegt im nesselblättrigen Turm,*
*geduldig wartend und rundum schauend,*
*nach dem geflügelten Liebhaber,*
*dem gutmütigen Brummbärchen.*
*Und wenn er kommt,*
*gelockt vom Honigduft,*
*umschlingt ihr ihn,*
*verschlingt ihn fast,*
*und schenkt ihm süßen Nektar.*

Die Weiße Taubnessel fühlt sich wohl in der Nähe von Menschen und diese begegneten ihr schon immer mit einer gewissen Hochachtung. *Archangelica flore alba*, „Erzengel mit der weißen Blüte“, nannte man diesen Lippenblütler im Mittelalter. Als *Archangel* (Erzengel) kennen die Briten ihn noch heute. Als „Kraut der lächelnden Mutter“ ist diese Taubnessel in China bekannt. Und für die Christen war sie ein Attribut der Gottesmutter Maria. Wie die Jungfrau ist sie rein, weiß, sanft, gütig und ohne Weh, denn die Stacheln, die die Brennnessel kennzeichnet, hat sie nie getragen.

Gelehrte Ärzte der Renaissance, wie etwa Nicholas Culpeper, stellten das weiß blühende Kraut unter die Herrschaft der Venus, der schaumgeborenen, dem Meer entstiegenen Göttin der Liebe und Sinneslust. In dem weitgeöffneten Blütenschlund sahen sie die Signatur der weiblichen Vulva. Sie schrieben der weißen Taubnessel auch außergewöhnliche erotische Kräfte zu, weil die Staubblätter paarweise nebeneinander liegen, wie menschliche Paare – daher der fast vergessene Name „Adam und Eva“ für die Blume. Aus der venerischen Signatur ergab sich auch die Anwendung als Frauenheilpflanze.

Tatsächlich wirken die Blüten einhüllend, reizmildernd, entzündungshemmend und reinigend auf die Niere, dem Hauptorgan der Venus, und auf den weiblichen Genitaltrakt. Bei Weißfluss, verkrampfter, verhärteter Gebärmutter und Eileiterentzündung hilft die Venuspflanze. Noch immer wird in der Heilkräuterkunde bei unregelmäßiger, schmerzhafter Periode ein Teegemisch aus Taubnesselblüten, Schafgarbe und Frauenmantel verschrieben. Das Sammeln und fachgerechte Trocknen der zarten Blüten ist recht aufwändig. Jemand hat errechnet, dass es 40 bis 50 Stunden Zupfarbeit bedarf, um ein Pfund (500 g) Blütendroge zu gewinnen. Da hört man gerne zu, wenn der Kräuterexperte Richard Willford erklärt, dass, nach neuesten Erkenntnissen, das gesamte blühende Kraut samt Wurzel wirksamer sei als nur die Blüte. Bäder, aus der ganzen Pflanze bereitet, wirken nicht nur bei Gebärmutterleiden, sondern dienen auch dem Erweichen von Beulen und Geschwülsten.

Kräuterpfarrer Künzle widerspricht dem Dogma, dass es sich bei der Taubnessel allein um eine Frauenpflanze handelt. Alte Männer – schreibt er –, die entsetzliche Schmerzen leiden, weil das Wasser nicht mehr abgeht, finden sofortige Hilfe bei Genuss von ein Paar Tassen dieses Krauts.

*Lamium*, der wissenschaftliche Name der Taubnessel, bedeutet Schlund oder Rachen und bezieht sich auf den weit aufgesperrten „Rachen“ der Blüte. Das verwandte griechische *lámia* bedeutet gefräßiger, großer Fisch oder Hai. Die *Lamia*, die „Verschlingerin“, ist aber auch ein Schreckensgespenst der antiken Mythologie. Sie ist eine Schlangendämonin, die Kinder raubt und ihnen das Blut aussaugt. Das ist weit entfernt von Engeln und göttlichen Jungfrauen. Einst jedoch war Lamia ein wunderschönes Mädchen, das von Zeus geliebt und geschwängert wurde. Der Seitensprung erzürnte Hera, die Gattin des Zeus. Aus Eifersucht ließ sie das aus der Verbindung der beiden hervorgegangene Kindlein sterben. Die todunglückliche Lamia beneidete von nun an andere Mütter, lauerte ihnen auf und verschlang ihre Kinder.

# Der „Herr des Heims" ist besser als Spinat

## GUTER HEINRICH
## *Chenopodium bonus-henricus*

*Kaltes Quellwasser plätschert klingend in den Trog.*
*Kühe muhen; sanfte Mäuler liebkosen der Alpmatte*
*frisches Grün.*
*Glocken läuten Melodien, wie in einem Kloster im fernen Tibet,*
*der Bari bellt im Bariton, und der Pfiff des Adlers lässt den Blick*
*in den azurblauen Sommerhimmel schweifen.*
*Drüben glitzern Schnee und Eis im gleißenden Sonnenlicht.*
*Die Arbeit ist hart,*
*aber in der Hütte ist's warm, Holz knackt und zischt im Herd:*
*Suppe wird's geben, dampfend heiß,*
*mit Gutem Heinrich und Nesseln*
*– fett und grün wachsen sie vor der Tür –,*
*dazu Brot und Käs' und Kaffee.*

Eigentlich wächst der Gute Heinrich fast überall in Europa und Sibirien. Auch in Nordamerika hat er Fuß gefasst, haben ihn doch europäische Siedler als Gartengemüsepflanze mitgenommen. Aber die meisten Menschen heute übersehen ihn, denn er ist lediglich ein „Unkraut" unter vielen und er hat – wie wir im Bild sehen – keine farbenprächtigen Blüten.

Keine seiner nahen Verwandten unter den Gänsefußgewächsen kann mit bunter Blütenpracht protzen, dennoch sind etliche Familienmitglieder wohlbekannt: etwa die Rote Bete, der Mangold, die Zuckerrübe, die Runkelrübe, die unendlich vielen Melden, die auf alten Äckern, im Brachland und auf Schuttplätzen als Pionierpflanzen leben. Auch der grüne Spinat, ursprünglich aus Zentralasien und von muslimischen Eroberern bis nach Spanien verbreitet, gehört mit zur illustren Familie. So auch die in den Anden kultivierte Reismelde (Quinoa), deren Samen von den Indios und unseren Naturköstlern als „Getreide" gegessen werden. Weitere Familienmitglieder sind der Erdbeerspinat, der Queller an unseren Meeresküsten, das mexikanische Teekraut *(C. ambrosioides)* und das klebrige, stark riechende südeuropäische Traubenkraut *(C. botrys)*, ein Mottenmittel, das inzwischen als Neophyt – „Pflanze mit Migrationshintergrund" – im Mittelstreifen unserer Autobahnen wächst. Was haben all diese Gänsefußgewächse gemein? Sie sind Salzliebhaber; sie haben kein Problem mit den kalium- und natriumgetränkten Böden der Salzsteppen oder des Meeresstrands. Sie wachsen in der Nähe menschlicher Ansiedlungen, wo Tierharn und Asche die Erde düngen und anreichern.

Der Gute Heinrich ist eine „Dorfpflanze", an Wegrändern, rund um Stallungen, Kompostlagern und ganz besonders um Sennhütten breitet er sich aus. Botaniker nennen ihn eine anthropophile Pflanze, das heißt, er liebt die Menschen und hält sich in ihrer Nähe auf. Darauf bezieht sich auch sein Name, es ist ein sehr alter Name: Guter Heinrich, Stolzer Heinrich, Wilda Heiri, *Goede Hendrik, good king Henry, goder Henrik, bon Henri* und wie er sonst noch in verschiedenen Mundarten und Sprachen heißen mag. Heinrich oder Heinz ist – wie Jacob Grimm vermutete – der typische Name eines Kobolds oder Heinzelmännchens, das sich in der Nähe menschlicher Behausungen aufhält. Heinrich bedeutet „Herr des Heins oder Heims" (althochdeutsch *Hain* = „ein kleiner Wald, ein umfriedeter Platz, Heimat"; *rihhi, rik* = Herrscher). Die Sage erzählt, dass Kobolde dieser Art Füße wie Gänse haben, diese aber zu verbergen suchen. Eigentlich wollen sie überhaupt nicht gesehen werden.

Der Heinrich lässt sich gut essen. Die jungen Blätter schmecken fast besser als kommerzieller Spinat; sie enthalten viel Vitamin A und Mineralien. Zuviel aber darf man nicht essen, jedenfalls nicht jeden Tag, denn wie auch andere Gänsefußgewächse enthält er Oxalsäure, die die Niere irritiert. Als eines der ersten grünen Gemüse im Frühling vertreibt er Skorbut. Und aus der frischen Pflanze machte man kühlende Umschläge für Gichtknoten oder auch für entzündete Hautstellen bei Stalltieren. *Tota bona*, „Allgut" nannten die alten Mediziner die Pflanze. Als Heilmittel war sie bei Apothekern sogar „offizinell", d. h. sie wurde in der Werkstatt (Offizina) verwendet.

# Den Rhythmus harmonisieren

## UFER-WOLFSTRAPP

*Lycopus europaeus*

Nun, nach Jahrzehnten hatte mich das flache Land, das Moor, wieder. Ginster und Heide, Seggen und Schilf, Birken und Porst umarmten meine Seele. Gilbweiderich, Blutweiderich, Mädesüß, Pfeilkraut, Schlangenknöterich, Wasserminze und, zwischen Sumpfgräsern, himmelblau blühendes Helmkraut und Sumpfvergissmeinnicht empfingen mich in ihrem Reich, und die Wasserschwertlilie hob, wie eine Elfenkönigin, ihren gelben Blütenzepter zum Gruß. Hinter dem Häuschen floss kaffeebraunes Moorwasser und bewegte sich auf und ab mit Ebbe und Flut, Frösche quakten, Möwen schrien und segelten am unendlich weiten Himmel, und schwarzweiße Kühe weideten auf sumpfigen Wiesen.

Auch der Wolfstrapp war da. Er fühlt sich wohl in der feuchten Welt, obwohl er auch an trockeneren Standorten überleben kann. Offensichtlich ist er ein Lippenblütler: Mit seinem vierkantigen Stängel, kreuzweise gegenständigen, streng rhythmisch geordneten Blättern und blattachsenständigen weißlichen Blüten in Scheinquirlen könnte man ihn ohne weiteres für eine Minzeart halten. Er nimmt, wie diese, viel von der ordnungsgebenden Sonnenkraft auf, aber ihm fehlen die typischen, aromatisch-ätherischen Minz-Öle; er tendiert mehr zum Herben, Bitteren. Er ist eben auch wassergebunden: Seine Samen (Nüsschen) können schwimmen und sie sind mit Klebstoff versehen, sie haften am Gefieder und an den Füßen der Wasservögel.

Wolfstrapp wächst im gesamten gemäßigten und kalten Gürtel der nördlichen Hemisphäre. Es gibt mehrere Arten, Variationen und Bastarde. Der in Europa häufigste ist der hier mit Schilf im Hintergrund abgebildete Ufer-Wolfstrapp. Notgedrungen wird er hoch, denn sonst würde der Schilf ihn beschatten. Die beiden Arten sind einander so ähnlich, vermutlich auch ihre Inhaltsstoffe und Wirkungen, dass die Volksheilkunde sie nicht unterscheidet. Tuchmacher benutzten den Saft zur Schwarzfärbung von Leinen und Wolle. Zigeuner rieben angeblich die Haut von entführten Kindern mit dem sogenannten „Zigeunerkraut" (englisch *gypsywort*) ein, um diese dunkler aussehen zu lassen.

Der bittere Tee wurde früher als Fiebermittel und Chinarindenersatz eingesetzt. In der heutigen Zeit hat man den Wolfstrapp als ein spezifisches Mittel bei Überfunktion der Schilddrüse (Basedowsche Krankheit) entdeckt. Er lindert Beschwerden wie Herzrasen, hohen Blutdruck, Angst, Schlaflosigkeit und Unruhe. Da der Auszug oder Tee die Ausschüttung der Schilddrüsen- und der Keimdrüsenhormone dämpft, hilft er bei Wechseljahrbeschwerden und bei Prämenstruellem Syndrom (PMS). Wenn die Schilddrüse, die Energieversorgungsdrüse, hektisch wird, beschleunigt sie die Verbrennung der Energie. Der Betroffene „überhitzt" förmlich, er kocht innerlich, hat einen Wolfshunger, bleibt aber dünn, seine Nerven sind gereizt, sein Herz klopft, der Hals schwellt an und die Augen quellen hervor, wie bei einem gejagten Tier. Da kann der Wolfstrapp helfen. Er kann das Auf und Ab des Hormonspiegels ausgleichen und wieder einen geordneten Rhythmus geben.

Schon seine Signatur – der Bezug zum Feuchten, Kühlen und die harmonisch-rhythmische Abfolge der Blätter – lassen das erahnen. Er kühlt den überhitzten Organismus ab, deswegen wurde er ja auch als Fiebermittel eingesetzt. Die Schilddrüse erschien zuerst in der Evolution, als die Lurche das Wasser verließen und an Land gingen, als sie von Kiemenatmung auf Lungenatmung übergingen. (In einem Laborexperiment fütterte man kiemenatmende Wassersalamander mit Schilddrüsenextrakt: Sie verwandelten sich zu Landtieren). Entwicklungsgeschichtlich war die Schilddrüse zuerst mit den Zeugungsorganen verbunden, wanderte dann im Lauf der Zeit in Richtung Kopf und siedelte sich im Bereich des Kehlkopfes – dem „Überzeugungsorgan" – an. Noch heute vermittelt sie rhythmisch zwischen Geschlecht und Gehirn, Ruhe und Aktivität.

Schwebfliegen sind die häufigsten Bestäuber des Wolfstrapps. Das schöne, in Regenbogenfarben schillernde Insekt hat sein Larvenstadium im Wasser, ehe es sich in sonnige Höhen erhebt. Auch das, so könnte man es deuten, gehört zur Signatur dieses Pflanzenwesens.

# Der Teufel zwickt die Wurzel ab

## GEWÖHNLICHER TEUFELSABBISS
*Succisa pratensis*

*Manche Pflanzen erfüllen den Teufel mit Groll.*
*Vom Johanneskraut hat er die Nase voll.*
*Das Kraut mit des Täufers Blut versetzte ihn in Wut.*
*Mit spitzer Nadel traktierte er jedes Blatt.*
*Auch die Sankt Peterswurz ist zu gut! Er hat sie satt!*
*In Mittsommernächten schleicht er sich an sie heran,*
*und beißt ihr die Wurzel ab, weil er's nicht anders kann,*
*dieser Zwangsneurotiker und rüpelhafte Grobian!*
*Als der liebe Gott ihn dann zur Rede stellt',*
*schlich er sich fort aus der Pflanzenwelt,*
*machte sich winzig klein und kroch dem Menschen ins Hirn hinein,*
*nahm Sitz im Verstand, entfachte mit leichter Hand der Aufklärung Licht*
*und flüsterte im Schmeichelton:*
*„Diese Geschichten sind Lug, sind eitel Projektionen*
*und Selbstbetrug. Ich sag's euch frei ins Gesicht: mich gibt's gar nicht!"*

Der Wurzelstock des Teufelsabbiss stirbt am unteren Ende ab, so dass er aussieht als sei er abgebissen worden. Alte Namen für diese hübsche Sommerwiesenblume sind *morsus diaboli* und *morsus daemonis* (Teufel- oder Dämonenbiss) sowie *herba sancti petri*, Sankt Peterskraut und Peterswurz. Diese Namen lassen vermuten, dass wir es mit einer sehr alten heidnischen Heil- und Sakralpflanze zu tun haben. Vormals heilige Pflanzen wurden von den Priestern „verteufelt" oder aber einem mächtigen Heiligen zugeordnet. Petrus, im Volkschristentum neben Michael der höchste Heilige, trat an die Stelle Donars als Wetterregent und Wolkenhüter. Mit seinem Schlüssel kann er die Himmelspforten auf- und zuschließen. Die Volkssage lässt ihn, wie einst Wotan und Baldur, mit dem Heiland übers Land wandern. Bei einem solchen Ausflug wurde gesehen, wie er Gundermannkraut in den Mund nahm, um seinen Zahnschmerz zu stillen. Ein anderes Mal biss er die Wurzel ab und kaute sie, um seine Leibesschmerzen zu heilen. Er war also genauso für das Beißen verantwortlich wie irgendein zum Teufel herabgestufter heidnischer Naturgeist. Das mittelalterliche Landvolk kannte übrigens auch einen eisernen „Petrusschlüssel", zum Ausbrennen von Bisswunden.

Vor allem aber der Gegenspieler des Petrus, der Teufel, ist mit diesem Skabiosengewächs verbunden. Im „Gart der Gesundheit" (Mainz, 1485) wird erzählt, dass der Leibhaftige mit dem Kraut allerlei Schaden anrichtete. Die Gottesmutter erbarmte sich und verwehrte ihm das. Vor lauter Wut biss er die Wurzel ab. Damit die Pflanze überlebe, ließ Maria viele kleine Seitenwurzeln wachsen und so wächst sie bis zum heutigen Tag. Die Russen erzählen die Geschichte anders: Als der böse Teufel dem Menschen einen Finger abbeißen wollte, schuf der liebe Gott diese Pflanze als Gegenmittel; darauf biss der Bösewicht die Wurzel ab. Seither nennt man die Pflanze *Tschertogrys*, „Teufelsabbiss". Die Franzosen kennen eine weitere Version: Der Erzengel Michael heilte die Wunden, die er im Kampf gegen Luzifer davontrug, mit dem Kraut. Zornig biss der Böse daraufhin die Wurzel der Pflanze ab und seither heißt sie *mors de diable*, „Biss des Teufels". Allgemein war man überzeugt, dass er blitzschnell wie eine Schermaus, Schlag Mitternacht in der Johannisnacht, die Wurzel abzwickt.

In ganz Europa galt die Abbisswurzel als starkes antidämonisches Mittel. Wer sie bei sich trägt, dem kann kein Dämon Schaden zufügen. Wer damit räuchert, zerstört den Zauber der Hexen. Fünf Wurzeln, beim abnehmenden Mond geerntet und mit einem Faden um den Hals gebunden, lindern Augenschwäche. Nach einigen Tagen wirft man sie in fließendes Wasser und ist den „Augenwurm" los.

Der Teufelsabbiss fand aber nicht nur zauberische Anwendung, sondern galt auch als wirksame Heilpflanze. Die gepulverte Wurzel oder die frischen Blätter kamen bei Krätze, Quetschungen, Geschwüren, Ekzemen, Entzündungen und Drüsenschwellung in Betracht. Wie die verwandte Karde wirkt sie Toxine ausleitend – sie ist ja schließlich eine Skabiose (vom lateinischen *scabies* = Krätze, Räude, Schorf), gehört also zu einer Gattung, deren „blutreinigende" Wirkung schon in vorchristlichen Zeiten bekannt war.

# Heilwasser aus dem Venusbecken

## WILDE KARDE

*Dipsacus fullonum, D. sylvestris*

*Komm, wasche dich mit meinem Wasser,*
*dem Wasser der Venus, das macht dich schön!*
*Der graue Film, der deinen Glanz bedeckt,*
*und alles sonst, was dich befleckt,*
*wird im Nu vergehen.*

Die gegenständigen Laubblätter der Karde sind miteinander am Grund becher- oder tütenförmig verwachsen, so dass sich ein Behälter bildet, in dem sich Regenwasser sammelt. Als „Venus-Bad" oder „Venus-Waschbecken" kannten die alten Römern die Wasserschüssel der *Dipsacus* (Dieser Name wiederum beruht auf dem griechischen *dipsan*, „durstig"). Der griechische Arzt Dioskorides nannte es „Bad der Aphrodite". Wie jeder weiß, sind Venus und Aphrodite Göttinnen der vollkommenen Schönheit. Ihre Ausstrahlung ist so rein, glänzend und anmutig, dass der normale Sterbliche ihren unmittelbaren Anblick kaum zu ertragen vermag. Etwas von der Kraft der Göttinnen ist jedoch auf ihr Badewasser, das sich in den Blattachsen der Karde sammelt, übertragen worden und den Menschen zugänglich. Wer sich mit dem Wasser wäscht, dessen Ausstrahlung wird ebenfalls schön.

Lange waren Aussagen wie diese für mich purer Aberglaube, etwas, an dem Hinterwäldler und alte Frauen festhielten. Ich hatte ja schließlich eine naturwissenschaftliche Ausbildung genossen. Aber später, als ich mich mit den Blütenelixieren des Edward Bach, der Homöopathie und der jahrtausende alten chinesischen Philosophie intensiv beschäftigte, bekam meine vorgefasste Meinung einige Risse. Wasser gilt im Taoismus als vollkommen Yin, das heißt, es ist empfänglich und einprägsam, es nimmt Informationen auf und kann diese weitergeben.

Das meinte auch der Arzt Edward Bach: Wasser, besonders wenn es von Sonnenlicht energetisiert wird, kann die Schwingungen von Pflanzen aufnehmen. Ein solches Wasser kann diese dann als Information an die Menschenseele weitergeben.

Seit Jahrhunderten benutzte man das Wasser des Venusbeckens – insofern es nicht von darin ertrunkenen Insekten verseucht ist – als Schönheitsmittel, Gesichtswasser, Augenwasser und Mittel gegen Sommersprossen und Altersflecken. Die Ärzte des Mittelalters und der Renaissance berichten von der „reinigenden Qualität" dieses Wassers. Mein Eindruck ist, dass diese reinigende Qualität nicht auf banaler mechanisch-physikalischer Ebene zu verstehen ist, sondern eher auf einer energetisch-feinstofflichen. Etwas in dieser Richtung erlebte ich in England im keltischen Heiligtum Glastonbury. Dort beim Chalice Well, dem munter sprudelnden „Brunnen des Kelches", sah ich wie sich eine Frau, die recht freudlos, grau und verfallen aussah, mit dem Wasser wusch – und wie sich daraufhin augenblicklich ihre Erscheinung ins Gegenteil veränderte.

Die gesamte Pflanze gilt als reinigend. Die Wurzel, als Tee oder Tinktur, ist harn-, galle- und schweißtreibend, entschlackend und verdauungsfördernd. Sie wird traditionell bei Gicht, Arthritis, Rheuma, Wassersucht, Gelbsucht und Hautverunreinigungen wie Pickeln, Beulen und Ausschlägen eingesetzt. Heutzutage gilt die Kardenwurzel als eine der wirksamsten Mittel bei Borreliose. Sie scheint die Erreger, die Spirochäten, regelrecht in die Flucht zu schlagen oder wenigstens umzustimmen. Nach Hildegard von Bingen treibt die Karde das Gift aus dem Körper: „Und wenn jemand *urslech* (Ausschlag) an seinem Körper hat, mische er dieses (Wurzel-) Pulver mit frischem Fett und reibe sich damit ein. Er wird geheilt werden" (*Liber simplicis medicinae* CCXVI).

Eine Ärztin aus Wien erzählte mir, dass sie ein Kind als Patient hatte – ein sensibles „Indigokind", wie sie es beschrieb –, das an Borreliose litt und weder auf konventionelle noch auf alternative Heilmethoden reagierte. Da sie Erfahrung mit Bach-Blütenessenzen hatte, kam sie auf die Idee, das Kind mit dem Wasser aus dem Venusbecken zu behandeln. Das Resultat war durchaus positiv und wird von der Ärztin als Wunder beschrieben.

# Lichtpflanze der Urgöttin

## WILDE MÖHRE

### *Daucus carota*

*Spätsommer im Mittelwesten, träumende Wälder,*
*warme schlammige Flüsse,*
*verödete Felder in weißer Blüte.*
*Königin Anne, voller Güte, lädt zum Mahl,*
*an Tischen gedeckt mit edlen Spitzen;*
*schwirrende, summende, beflügelte Gäste in unendlicher Zahl,*
*trinken und tanzen und bleiben kaum sitzen.*

Die zarten Blüten der jungen Dolde leuchten auf wie das Rosa des Morgenhimmels vor Sonnenaufgang. Nicht lange, dann wird der schöne, halbkugelige, aus vielen zierlichen „Döldchen" zusammengesetzte Blütenschirm weiß wie Schnee und lockt mit süßem Nektar und Düften Bienen, Fliegen und andere kurzrüsselige oder rüssellose Insekten. Wenn die Kostgänger ihre Aufgabe erledigt haben und die Samen reifen, zieht sich die verblühte Dolde vogelnestartig zusammen – daher der Name „Vogelnest". Die kleinen borstigen Früchte verbreiten sich, indem sie am Fell vorbeistreifender Tiere wie kleine Läuse hängen bleiben. Die fränkische Mundart kennt die Samen als „Mädliläus". Sprachwissenschaftler vermuten, dass der Name Karotte tatsächlich auf das griechische *kár* (= „Läuse") zurückzuführen ist. 3000 bis 4000 solcher Samen bringt jede Möhrenpflanze hervor.

Nach Nordamerika kam die Möhre als Gartengemüse mit den ersten weißen Siedlern. Es dauerte nicht lange, bis die Pflanze mit Hilfe ihrer kleinen „Läuse" die Gartenzäune überwand, wieder zu ihrer wilden Urform zurückkehrte und zur regelrechten Plage wurde. Wie die Kanadische Goldrute in Europa, so macht sie dort ganze Landstriche den Weidegräsern und anderen Pflanzen streitig und gilt bei den Farmern als „aggressiver Neophyt".

Die Wilde Möhre ist eine „durchlichtete" Pflanze. Sie nimmt die kosmischen Lichtenergien dermaßen in sich auf, dass die Blattsubstanz praktisch dahinschmilzt und feine, filigran gefiederte Wedel hinterlässt. Die Lichtenergien, die sich vor allem in duftenden ätherischen Ölen, Farben und Zuckerbildung materialisieren, durchdringen die gesamte Pflanze, und strahlen, besonders bei der gezüchteten Gartenmöhre, bis in die aromatischen rötlich gelben Pfahlwurzeln hinab. Auch die steifen kieselhaltigen Haare, die die Stängel besetzen, verraten einen besonderen Bezug zum Licht. Diese Lichtkräfte sind es auch, die für die spezifischen Heilkräfte des Doldenblütlers verantwortlich sind.

Möhren, egal ob wild oder kultiviert, sind ein gut bekömmliches Wurmmittel. Eingeweidewürmer befallen Mensch und Tier, wenn ihre Lebenskraft, ihr „ätherischer Leib" geschwächt ist. Würmer, Geschöpfe eines dunklen, feucht-mondhaften Milieus, meiden das Licht. Rohe geraspelte Möhren oder der Saft der Wilden Möhre sind ihnen zu „hell", zu „sonnig" – und so verlassen die Parasiten notgedrungen den Darm. Kiesel und ätherische Öle, den Darmparasiten ebenso widrig, hemmen ebenfalls Bakterien und Pilze.

Goethe beschrieb einmal das Auge als „sonnenhaft", als „vom Licht für das Licht gebildet". Da ist es nicht verwunderlich, dass die Möhre als Lichtpflanze auch unserer Sehfähigkeit zugute kommt. Vor allem natürlich die gezüchtete Rote Karotte, aber auch das als Gemüse genossene Grün der jungen Wildmöhre enthält Karotin, eine Vorstufe des Vitamin A, welches, zusammen mit der Kieselsäure, die Netzhaut schützt und stärkt. Die Lichtkräfte der Möhre strahlen im menschlichen Mikrokosmos bis in die unteren Leibeschakren hinein, bis in den Darm, sowie in die Harn- und Geschlechtsorgane. Die Volksmedizin verschreibt den Tee aus blühendem Möhrenkraut bei Wassersucht, Nieren- und Harnwegerkrankung. Die spindeldürren, stark aromatischen Wurzeln der Wilden Möhre werden ebenfalls als potent- und fruchtbarmachendes Liebeselixier verwendet, damit wir uns – wir sind selber Lichtwesen aus der geistigen Welt – in einem materiellen Körper inkarnieren können.

Wo so viel Licht ist, da muss auch ein Schatten sein. Wie ein schwarzes Schaf mitten in einer weißen Herde, finden wir genau im Zentrum der Blütendolde der Wilden Möhre

eine einzige schwarz-purpurne Blüte. Sie wird allgemein als „Mohrenblüte“ bezeichnet. Oft ist diese Blüte etwas größer als die umliegenden weißen, gelegentlich auch etwas kleiner, und manchmal fehlt sie ganz und gar. Sie ist oft verbildet oder öffnet sich gar nicht einmal. Seit Jahrhunderten rätseln Pflanzenkundige, was es mit dieser Mohrenblüte auf sich hat. Die Darwinisten vermuten, dass der dunkle Fleck Insekten signalisieren soll, dass hier ein sicherer Landeplatz ist und einer ihrer Genossen, zwecks Nektarschleckens, schon gelandet ist. Aber die genaue Beobachtung widerlegt diese Theorie, denn Insekten landen genau so oft auf den Dolden, auf denen die Mohrenblüte fehlt.

Andere Zeiten hatten andere Erklärungen. In katholischen Gegenden war es der „Blutstropfen“ irgendeines Heiligen oder gar ein „Herz-Jesu Blutstropfen“ oder „Herrgottsblut“. In den bäuerlichen Gemeinden im deutschsprachigen Siebenbürgen hieß die dunkle Blüte „Treue“, „Ehre des Mädchens“ oder auch „des Mädchens ihre Schand“. Das Vorhandensein oder Fehlen des dunkelroten Fleckens deutete an, ob die Mädchen in der Gegend noch Ehre haben oder nicht. Früher, in tugendhafteren Zeiten, sei der Fleck größer gewesen. Wenn eines Tages die Wilden Möhren überhaupt keine Mohrenblüten mehr hervorbringen, dann ist der Jüngste Tag nicht fern.

Die Nordamerikaner nennen die blühenden Dolden, die aussehen wie sorgfältig gehäkelte Spitzen, *Queen Anne‘s Lace*, „Spitzen der Königin Anne“. Die Mohrenblüte soll entstanden sein, als sich die gute Königin beim Spitzennähen in den Finger stach und ein Blutstropfen in die Mitte der Strickerei fiel. Steckt hinter dieser Königin Anne die uralte indoeuropäische und semitische Urgöttin, die Großmutter und Ahnin, die Ernährerin aller Wesen – die *Dea Anna* der Kelten, die *Anna Perenna* der Römer, die *Ana-Purna* der Hindus, die *Nana* der Phrygier?

Schließlich ist die Möhre eines der ältesten angebauten Gemüse. Samen wurden schon in den jungsteinzeitlichen schweizerischen Pfahlbauten gefunden und die Bezeichnung „Möhre“ ist ein indogermanisches Urwort mit der Bedeutung „essbare Wurzel“.

Aber dem ist nicht so. *Queen Anne‘s Lace* ist lediglich eine mundartliche Bezeichnung in England für den Wiesenkerbel, dessen Blüte ebenfalls wie ein gehäkeltes Zierdeckchen aussieht. Diesen Kerbel weihte man der Heiligen Anna, der Mutter der Gottesmutter Maria und Patronin der Bergleute, wie auch der Klöpplerinnen und Spitzenmacher. Die Amerikaner übertrugen den Namen auf die Wilde Möhre.

Im 16. und 17. Jahrhundert wurde in Europa die kultivierte Möhre zur Modepflanze. Flämische Flüchtlinge brachten die knackige, orangerote Mohrrübe zu dieser Zeit mit nach England. In einer Zeitepoche, in der tatsächlich eine Queen Anne regierte, schmückten modebewusste Edeldamen ihre Hüte mit den farnartigen Blattwedeln und verschönerten Blumensträuße mit dem zierlichen Laub. Wir sehen, in der Mohrrübe steckt viel Kulturgeschichte.

Die Wilde Möhre – im britischen Englisch *wild carrot* genannt – spielte weiterhin eine wichtige Rolle in der Volksmedizin. Die Samen sind wind- und harntreibend und regen die Monatsblutung an. In Wein gekocht – schreibt Culpeper, der die Pflanze unter die Herrschaft des Merkur stellt – wirken die Samen empfängnisverhütend beziehungsweise sorgen dafür, dass die verspätete Menstruation einsetzt (Schwangere sollten deshalb die Samen meiden). Bei Männern wirken die Samen als Lenzmittel, oder wie Matthiolus (16. Jahrhundert) schreibt: „Die Samen bewegen unkeusche Gelüste.“ Die alten Griechen steigerten ihren Trieb, indem sie die aromatischen Wurzeln kauten. Einige Samen gekaut oder als Tee getrunken, beruhigen die Verdauung und lindern Koliken und Blähungen. Das ätherische Öl in ihnen löst Krämpfe in der glatten Muskulatur. Auch regen die Samen die Milchbildung bei stillenden Müttern an. Kraut samt Wurzel wurden als antiseptisches, harntreibendes Mittel bei Wassersucht, Blasen- und Vorsteherdrüsenentzündung und vorbeugend als Tee morgens und abends gegen Steinleiden getrunken.

# Wider Knoten, Huckel und Schwellungen

## KNOTIGE BRAUNWURZ
### *Scrophularia nodosa*

*Jedes Mal hältst du mich an, hältst mich auf,*
*wenn ich so lauf' am Waldessaum,*
*und gibst mir Rätsel auf.*
*Ein dunkel Kind, Dianas Traum, fremdelnd mit dem Licht,*
*vierkantige Stängel, kugeliges Blütengesicht*
*und schwarze Tinte, scheint's, hat man dir*
*ins Grün der glatten Blätter gemischt.*
*Vor allem deiner Blüten Duft zieht mich an:*
*erdig, dunkel, ein wenig raubtierhaft, schwer,*
*ein Hauch Patchouli oder Vetiver.*
*Weder die goldnen Bienen lockst du,*
*noch summende Hummeln oder Fliegen,*
*auch Schmetterlinge und Falter lassen dich liegen.*
*Aber den Wespen hast du's angetan,*
*wie überreifes Obst und rohes Fleisch;*
*sie können, wie ich, nicht genug von dir kriegen.*

Die Insekten und die anderen Tiere, die mit einer Pflanze verbunden sind, sagen viel über ihre „Seelenkonstitution" (Astralität) aus. Sie sind Teil der nach außen verlagerten Seele der Pflanze. Die Braunwurz wird von Wespen bestäubt, geschickten, mit Stacheln bewehrten Fliegern, die empfindliche Schwellungen hinterlassen, wenn sie stechen.

Der Name dieses krautigen Rachenblütlers sagt alles. Knotig sind die Blüten und knollig verdickt der ausdauernde weiße Wurzelstock. Die Signatur ist offensichtlich: Hier ist ein Heilkraut für alle Knoten, Schwellungen und Beulen, die den Menschen befallen können. Die Signaturenlehre sollten wir nicht verlachen, fast alle Völker suchten ihre Heilmittel nach diesem Prinzip aus und waren dabei erfolgreich. *Nodosa* bedeutet „knotig"; *scrophularia* geht wiederum auf das lateinische *Scrofulae* (= geschwollene Halsdrüsen, Lymphknoten) zurück. Die *Scrofa* ist aber auch die Sau und, wenn die Haut Huckeln hat, die so aussehen wie die Zitzen einer Sau, dann leidet man wahrscheinlich an Skrofulose oder den Skrofeln.

Diese veraltete Krankheitsbezeichnung beinhaltet eine schleppende Entzündung der Lymphe, Schleimhäute und Haut, verbunden mit chronischem Schnupfen, Ekzemen, Drüsenschwellung, Milchschorf, entzündeten Augenlidern, geschwollener Schilddrüse, Schuppenflechte und ähnlichem, was auf einen Zustand der Immunschwäche schließen lässt. In solchen Fällen ist ein entgiftender Braunwurzblättertee angesagt, oder eine Salbe aus den Wurzeln.

Schon Dioskorides benutzte die Braunwurz, zerstampft, mit Essig aufgelegt, als warmen Umschlag bei Geschwülsten und Krebs. Appenzeller Bauersfrauen bereiten noch heutzutage eine Braunwurzsalbe – Wurzelpulver in Butter gebraten – bei allerlei Schwellungen, Knoten und bei Hämorrhoiden. Interessant ist, dass auch in der Traditionellen Chinesischen Medizin die Wurzel der Braunwurz Bestandteil von Heilmitteln für Schwellungen, Geschwüre, Lymphknoten und Verhärtungen ist.

Mit dem Braunwurzwurzeltee muss man jedoch vorsichtig sein. Wenn man es übertreibt, reizt der Aufguss die Nieren, so dass es zu Rotharn kommen kann. Schluckweise soll er tagsüber getrunken werden. Noch besser wäre die homöopathische Anwendung in niedrigen Potenzen.

Im christlichen Mittelalter galt Sankt Marcult (558), Einsiedler und Missionar bei den keltischen Galliern, als Schutzheiliger für Skrofeln und Kropf. Daher heißt das Kraut vielerorts auch Sankt Marcults Kraut. Kropfwurz, Takkewurzel (*Takke* = Hämorrhoidalknoten), Großes Feigwarzenkraut (Feigwarze = Hämorrhoiden) oder auch Eissekraut (*Eisse* oder *Aiße* = Eiterbeulen, Abszesse, Karbunkel) sind weitere Namen. Allein das Tragen der Wurzel, so glaubte man, schütze die Gesundheit. Gegen Kropf wurde sie am Hals getragen. Um besonders wirksam zu sein, sollte die Wurzel in den „Frauentagen", zwischen Mariä Himmelfahrt (15. Juli) und Mariä Geburt (8. August), gegraben werden. Namen wie „Neunte Nessel" und „Hexenkraut" deuten auch auf okkulte Anwendungen hin.

# Blauer Schlüssel am Bund der Freya

## ALPENGLÖCKCHEN
*Soldanella alpina*

*Der Krieg ist noch längst nicht aus;*
*Seelentrümmer hinter jedem neuerbauten Haus,*
*die Funkwellen, alle fremd besetzt,*
*Kinder sterben, ehe sie gezeugt,*
*ehe sie geboren werden,*
*oder sie zappeln wie Fische im Netz.*
*Oh weh, weh, weh, was haben wir verloren!*
*Wie kommt man da heraus?*
*Da klingelte ein zart' Glöckchen fein;*
*aus der Erde hartem Stein,*
*aus Eis und Schnee,*
*erhob sich das blaue Blümlein,*
*sprach: „Ich werde dir der Schlüssel sein!"*

Das winzige, fünf bis höchstens 15 Zentimeter hohe Alpenglöckchen ist ein Kind der hohen Schneeberge und wächst als Relikt aus der Eiszeit in den Alpen, Pyrenäen und dem Schwarzwald. Das Alpenglöckchen, auch als Troddelblume bekannt, ist ein Himmelsschlüsselgewächs. Paläobotaniker erzählen uns, dass es sich aus voreiszeitlichen Waldprimeln entwickelt hat und sich allmählich dem kälter werdenden Eiszeitklima anpasste. Es überlebte, während andere Gattungen ausstarben.

Noch heute braucht es eine lange winterliche Schneedecke und kann auf eisigen Höhen von bis zu 3000 Meter leben. Wie seine größeren Geschwister weiter unten im Tal, die gelbblühenden Schlüsselblumen, ist es ein Frühjahrsbote. Schon während der Schneeschmelze wächst es empor, oft die dünne, vereiste, von der Sonne berührte Schneedecke durchbrechend, und öffnet seine blauvioletten, fransig zerschlitzten Blütenglöckchen. Eine bis drei Blüten sitzen an den kahlen Stängeln. Den ausgehungerten Bienen gibt die Pflanze Nahrung und später schüttelt der Wind ihre Samen aus den Kapseln.

Wie die Schlüsselblume, galt auch diese Blüte als einer der Schlüssel im Bund, den die holde Freya am Gürtel trägt, und mit dem sie jenen Zeitraum aufschließt, den die Menschen Frühling nennen. In verschiedenen Sagen erscheint diese Göttin manchmal einem Hirten. In der Gestalt einer schönen Fee reicht sie ihm eine solche Blume und sagt: „Hiermit kannst du den Felsen öffnen. Was du da drinnen findest, darfst du dir nehmen. Aber vergesse das Beste nicht!"

Der Hirte berührt damit die blanke Steinwand, diese tut sich auf, und vor ihm liegt lauter Gold und glitzernd Edelstein. Gierig stopft er sich die Taschen voll mit den Schätzen, vergisst dabei aber das Beste: Er lässt die Blume drinnen liegen.

Als ich das erste Mal in den Schweizer Bergen auf so ein „blaues Schneeglöggli" stieß, war ich gleich verzaubert. Winzige, nickende, blaue Zwergenblümchen mit purpurroten Staubbeuteln! Sie schienen nicht von dieser Welt. Es war, als hätte ich die „blaue Blume" der Romantiker gefunden. Ich kam mir vor wie Novalis: „Er sah nichts als die blaue Blume und betrachtete sie lange mit unnennbarer Zärtlichkeit" (Novalis, *Heinrich von Ofterdingen*, 1. Kap.). Dieses Blümchen, so himmelsnah hoch oben in der rauen Gebirgswelt, sprach von unendlicher Sehnsucht, von Treue, aber auch Traurigkeit.

Später kam mir die indische Geschichte von Hanuman, dem magischen Affen und Herren der Heilpflanzen, in den Sinn. Da wird erzählt, wie der Weltenzauberer und Meister der Illusion die wunderschöne Sita, die Verkörperung der Weltenseele, raubt und auf einer Insel gefangen hält. Alle Tiere des Waldes und viele Helden versuchen sie zu befreien, erliegen aber den Zauberpfeilen des Magiers. In der Stunde der höchsten Not fliegt Hanuman – er kann sich in Gedankenschnelle bewegen – in weit entfernte Schneeberge hoch im Himalaja, um die blaue Blume zu finden, die den Zauber lösen kann. Er bringt sie zurück und rettet so die Welt. Die Gefallenen stehen wieder auf, der böse Zauber verfliegt. Dank der blauen Blume wird Hanuman seither als *Sankata Mochana*, „Retter aus der tiefsten Not", angerufen.

# Bei Alpträumen und Liebeswahn

## BETONIE, HEILZIEST

*Betonica officinalis*

Es ist ein schönes Erlebnis, wenn man im Juli oder August an den sonnigen Hängen im Jura auf den eher trockenen Magerwiesen auf blühende Betonien trifft. Wie Fackeln leuchten einem da die dunkelrosaroten Blüten entgegen. Man erkennt sofort, dass es sich um einen licht- und wärmeliebenden Lippenblütler handelt.

Seit der Antike galt die Betonie *(Vettonica)* als eine der mächtigsten Heilpflanzen. In überschwänglichen Tönen wurde sie gepriesen. Kaiser Augustus schrieb ein ganzes Buch ihr zu Ehren. Ein Allesheiler sei sie. Der berühmte Römer Plinius schreibt: „Diese Pflanze ist mehr als alle anderen Kräuter ... Ihr Ruhm ist so groß, dass das Haus, wo sie gepflanzt wurde, gegen alle Gefahren gesichert ist ... Schlangen, die man mit einem Kreis *Vettonica* einschließt, bringen sich selber um ...". Und der Verfasser des ersten Kräuterlexikons des Westens, der Grieche Dioskorides behauptet: „Wenn jemand das (gepulverte) Kraut vorher trinkt und dann ein tödliches Gift einnimmt, wird dieses ihm nicht schaden." Ist diese alleskönnende Wunderpflanze der Antike wirklich unser bescheidener Heilziest?

Die christlichen Mönche im Mittelalter glaubten das sicher. Sie pflanzten *Vettonica* fleißig in ihre Klostergärtchen. Der schielende Abt von Reichenau, Walafried, betreute das Pflänzchen in seinem Klostergarten und huldigte ihm mit Versen, in denen es heißt, dass „manche es ununterbrochen täglich trinken gegen jegliche Not", und dass man damit einen zerbrochenen Schädel schnell heilen könne. Die heilige Hildegard preist es ebenfalls. *Petunie* oder *Bathenia*, wie sie es nennt, helfe gegen Alpträume und „falsche" Träume. In Wein gelegt, heile sie unregelmäßige Monatsblutung und bei Liebeswahn sei sie das richtige Mittel: Wenn Mann oder Frau durch „irgendwelche blendende oder teuflische Zaubersprüche behext wurde, so dass unter der Wirkung dieses Zaubers der Mann toll ist vor Liebe zu der Frau oder die Frau vor Liebe zu dem Mann, dann suche die betreffende Person Petunie ...". Hat sie es gefunden, „... trenne sie deren Blätter ab, stopfe je ein Blatt in die beiden Nasenlöcher, lege ein Blatt unter die Zunge, halte in jeder Hand ein Blatt, lege ein Blatt unter jeden Fuß und schaue auch mit den Augen die Petunie kräftig an. Dies tue sie so lange, bis diese Blätter an ihrem Körper warm werden ... Auf diese Weise wird sie durch Gottes Kraft von der Tollheit jener Liebe erlöst." Soweit die originale Hildegardmedizin.

Im Mittelalter wurde mit der *Bathonie* oder *Patonnye* viel gezaubert. Das „Bathoniengraben zu sündhaften Zwecken" wurde beklagt. Albertus Magnus (13. Jahrhundert) schreibt von Schwarzkünstlern *(nigromantici)*, die es unter Beschwörung des Aeskulap pflücken und wunderliche Dinge tun. Diese zauberischen Anwendungen waren weniger Teil der Volksheilkunde oder des Volksaberglaubens als die der Mönche und Priester. Diese waren ja des Lesens kundig und hatten Zugang zu den antiken Schriften. Deswegen wohl nannten die Bauern die häufig in Klostergärten angebaute Betonie auch Pfaffenwedel oder Pfaffenblumen. Im Englischen ist sie die Bischofswurz *(bishop's wort)*.

Obwohl ich diese Blume schön finde, habe ich wenig persönlichen Zugang zu ihr. Es ist ja wie mit Menschen, manche mag man und hat einen guten Draht zu ihnen, andere lassen einen eher kalt. Vielleicht war ich doch ein Mönch im früheren Leben, wie mir ein Hellsichtiger darzulegen versuchte. Vielleicht bin ich deswegen so wenig begeistert von Klostergärten und Klosterpflanzen.

Wo er häufig vorkommt, wurde der Heilziest volksmedizinisch genutzt, aber er galt keineswegs als Allheilmittel wie in der Antike. Äußerlich half er gegen Schnittwunden, innerlich als Tee gegen Kopfschmerzen und Neuralgien oder auch bei Leber- und Gallebeschwerden. Die wissenschaftliche Phythotherapie ignoriert ihn vollkommen.

Die Römer sollen die Betonie nach dem lusitanisch-keltischen Volksstamm der Vettónés benannt haben. Ursprünglich, meint man heute, käme das Wort aus dem keltischen *Bew* (Kopf) und *Ton* (gut). Es macht also einen „guten Kopf", hilft bei Alpträumen, Kopfschmerzen, Liebeswahn und Hysterie.

# Vom Schlänglein zum Drachen

## ACKERWINDE
*Convolvulus arvensis*

*Sanft erscheinen sie, die Schlänglein, schwach, beweglich,*
*und ganz wach.*
*Zärtlich schmiegen sie sich an, umarmen den stolzen*
*Stängelmann,*
*und erblühen für ihn in Weiß und Rot.*
*Weiß der denn von seiner Not?*
*Bald vergeht ihm das Lachen, denn sie werden schnell*
*zu Drachen,*
*die wie Boas ihn umschlingen, verschnüren und dazu bringen,*
*dass der Lebenssaft versiegt und er dürr und mager am*
*Boden liegt.*

„Wesen im Fluss" nennt Frank Brunke die Ackerwinden, deren Blüten, so zart wie die Morgenröte, er kurz vor ihrem Öffnen fotografierte. Den ganzen Sommer hindurch, bis in den Herbst, treibt die Ackerwinde ihre kurzlebigen, schönen, rosa-weißen Trichterblüten. Sie sind Augenweide für Pflanzenliebhaber und Ästheten und ein Labsal für Wildbienen, Schwebfliegen, Käfer, Falter und Schmetterlinge. Als Futterpflanze dient sie den Raupen der Windenfedermotte und dem Schneeweißen Feldgeistchen *(Pterophorus)*. Die Feldgeistchen sehen aus wie kleine weiße Vögelchen und tanzen an warmen Spätsommerabenden einen bezaubernden Elfenreigen auf und ab über den blühenden, reifenden Magerwiesen.

Eine Augenweide! Nicht aber für Bauern und Gärtner! Für sie ist die Ackerwinde ein „Teufelsdarm", eine „Sauwinde", die den Acker befällt, die Nutzpflanzen stranguliert und dem Landmann Zeit und Nerven kostet. Hören wir mal, was gestandene Gärtner ihr nachsagen. Sanft und zart, wie kleine Elfchen, erheben sich die jungen Triebe aus dem Boden. Ein Frühlingswunder! Man scheut sich die jätende Hand anzulegen. „Es fängt sanft an und endet mörderisch", klagt der bekannte Gärtner Jürgen Dahl, „jedes charmante Elfchen verwandelt sich binnen kurzem zu einer unerbittlichen Schlange" (Dahl, Jürgen; *Zeit im Garten*. München 1994). Die Amerikaner kennen die dort eingeführte Ackerwinde als *Creeping Jenny* („schleichende Jenny"). Der Unkrautexperte E. R. Spencer schreibt dazu: „Creeping Jennie ist eine säuselnde kleine Schlampe, die sich hereinschleicht und alles verdirbt" (Spencer, Edwin Rollin, *All about Weeds*. New York 1968).

Ich dagegen liebe die Ackerwinden und Zaunwinden, aber nur, wenn sie meine Gartenbeete in Ruhe lassen. Hat man sie einmal, wird man sie schwer wieder los. Die äußerst zerbrechlichen weißen Wurzeln – sie ähneln kleinen, gewundenen Gedärmen – strotzen vor Vitalität. Auch gehen sie tiefer als die Pflugsohle. Jedes beim Jäten zurückgelassene winzige Wurzelstückchen wächst schnell zur neuen Pflanze heran.

Wie viele andere Windenarten – es gibt rund 1600 Arten insgesamt – enthalten die Ackerwindenwurzeln Glykoretine, die die Darmperistaltik beschleunigen und drastisch abführend wirken. In jener Zeit der „heroischen Medizin", als Quecksilberpräparate die Modedroge waren, da fanden die mexikanische Purgierwinde, die orientalische Purgierwinde sowie die einheimischen Winden häufige Anwendung, um quecksilbergeschädigte, träge Gedärme wieder anzukurbeln.

Die Winden haben die Signatur des quicklebendigen Merkur, dem flinken Götterboten und Heiler, dessen Kennzeichen ein schlangenumwundener Stab und dessen Metall das Quecksilber ist. Ganz merkuriell ist die Regsamkeit der Pflanze. Ihre Triebe sind in ständiger kreisender, suchender Bewegung. Wenn sie auf einen Halm oder Zweig stoßen, umwinden sie diesen, linksläufig, in weniger als zwei Stunden. Sie schließen bei drohendem Gewitter oder Regen die Blüten, deswegen nennt man sie auch landschaftlich Regenglocke, Regenschließer, Pisspott (Ostfriesland) oder Donnerblume. Für die roten Streifen im Blütenkelch hat man in katholischen Gegenden eine besondere Erklärung: Maria trank einst Rotwein aus ihrem Kelch. So bekamen die Blumen auch den Namen Mariengläschen oder Liebfrauenbecher.

# Gut für den Körper, schlecht für die Seele?

## KOHL-LAUCH, WILDER KNOBLAUCH
*Allium oleraceum*

*Der Lauch tut dir gut,*
*hält dich warm, bewegt das Blut,*
*putzt den Darm, macht gut Mut,*
*treibt des Lebens Gier;*
*darum rate ich dir,*
*füll' den Bauch mit Lauch.*
*Hast du's aber eilig,*
*rein zu werden und heilig,*
*zu entkommen der Triebe Gier,*
*zu entschweben dem Jammertal hier,*
*zu durchschauen Mayas Tanz,*
*dann entsage dem Lauche ganz.*

In Nordamerika gibt es rund 70 Arten wilden Lauch und Zwiebeln, alles *Allium*-Arten. Manche sind ein bisschen höher, manche schlanker, manche schwefeliger und stechender, manche zäher als andere. Aber das kümmerte weder die Indianer, die französischen Waldläufer und Trapper, noch uns Jungens auf Abenteuerausflügen in den riesigen Laubwäldern Ohios und an den Ufern schlammiger Flüsse, wo sie im Frühjahr in Massen wuchsen, denn essen kann man sie alle. Eine gute Zutat zur Suppe oder irgend einem anderen Mampf waren sie immer.

An einigen Orten tritt der wilde Lauch so massiv auf – ähnlich wie der Bärlauch *(Allium ursinum)* bei uns – dass die ganze Landschaft danach riecht. Die Gegend am Michigansee, wo sich heute Chicago befindet, roch so sehr nach wildem Knoblauch, dass die dort ansässigen Menomiee-Indianer sie *pikwu´te shikako shia* nannten: „Ort, wo die Pflanzen wachsen, die wie ein Stinktier *(Shiká Ko* oder *Chikago)* riechen."

Tatsächlich enthält das stinkende Sekret, welches die Skunks zur Verteidigung versprühen, eine starke Note Knoblauchduft, neben Schwefelwasserstoff und brennendem Gummi. Die Cheyenne nennen den Wilden Knoblauch „Riecht-wie-Skunk", und seine Knollen „Skunk-Hoden". Als Heilmittel verwendeten die Indianer den wilden Knoblauch auf jeden Fall. Die Irokesen etwa bereiteten eine „Frühlingsblutreinigungskur" aus den frischen Sprossen, Wurmmittel für Kinder und einen Sud im Fall von Husten und Erkältungen.

Auch in der Alten Welt gibt es zahlreiche wildwachsende *Allium*-Arten, wie diesen hier abgebildeten Wilden Lauch, der auch Kohl-Lauch, Rossknoblauch und Hundezwiebel genannt wird. Er wächst von Europa bis nach Sibirien, vom Flachland bis in Höhen von rund 2000 Meter, an Wald- und Wegrändern, auf sandigen Weiden und in Weinbergen. Wir sehen hier seine lockere Scheindolde mit nickenden weißen, rötlichgrün angehauchten Blüten und dazu die kleinen dunklen Brutknollen, mit denen er sich ebenfalls vermehrt. Selbstverständlich ist er auch essbar und wurde, ähnlich wie bei den Indianern, als Heilmittel verwendet. Die Brutzwiebeln, wie auch die im Herbst geernteten Zwiebeln, kann man gut als scharfe Würze verwenden, sowie die Blätter (vor der Blüte) in Kräuterbutter, Kräuterquark und in Suppen.

Für die alten Germanen war der Wilde Lauch praktisch eine heilige Pflanze. Sie nannten die dem Odin geweihte Pflanze Krähenlauch (angelsächsisch *crawen leac*). Im Frühling half er die Lebensgeister wecken. Er gab Manneskraft, schützte den Milchfluss der Frauen und vertrieb das unsichtbare Gewürm, jene Krankheitsgeister, die Mensch und Tier siech machen. Es gab sogar eine Lauch-Rune zum Schutz der Lebenskraft. Und das germanische Formelwort für Gedeihen und Gesundheit war „Lein und Lauch".

Es gibt aber auch weniger positive Ansichten: Die Äbtissin Hildegard von Bingen warnt, Lauch und Porree „erhitzen das Geblüt in schneller unnützer Wärme, wie ein minderwertiges Reisigfeuer, dass schnell ausbrennt", und „erzeugen im Menschen die Unruhe der Geschlechteslust". Auch die ostasiatischen Mönche und Heiligen vermeiden Zwiebeln und Lauch, weil sie angeblich den Menschen in seine Triebe verstricken, die Seele verdunkeln *(tamas)* und die spirituelle Schau trüben.

# Mit Himmel und Erde verbunden

## TEUFELSKRALLE
## *Phyteuma* sp.

*Krallen des Teufels sollt ihr sein?*
*Wie unfair! Euer Wesen ist ganz fein.*
*In euch steckt des Himmels Blau,*
*seid Fasern vom Mantel Unserer Frau,*
*gehört zur goldhaarigen Freya und zur Sonne,*
*wenn ihr blüht ist's Frühling, Zeit der Wonne.*

Teufelskrallen oder Rapunzeln, wie sie auch genannt werden, gehören zu der Familie der Glockenblumen. Die hier fotografierte Teufelskralle zeigt uns deutlich, woher der Name stammt: Die gekrümmten Röhrenblüten haben tatsächlich etwas Krallenhaftes an sich. Es sind aber sanfte Krallen, die niemandem etwas zuleide tun. Im Gegenteil, sie bieten Bienen, Hummeln und Faltern reichlich Blütenstaub und Nektar.

Es gibt – je nach Botaniker, den man fragt – um die 25 bis 30 Arten von Teufelskrallen *(Phyteuma)*. Sie sind auf Europa beschränkt. Ihr Ursprungsgebiet sind die Alpen. Für den Laien sind sie oft schwer zu unterscheiden, da ihre Sippen große Variabilität aufweisen. Mit der „Teufelskralle", die man in den Apotheken als entzündungshemmendes Mittel für Gelenkschmerzen kaufen kann, haben sie absolut nichts zu tun. Die Teufelskralle der Apotheker – der lateinische Name ist *Harpagophythum procumbens*, was man als „liegende Enterhaken-Pflanze" übersetzen kann – kommt aus Südwestafrika und ist, was die Tiere betrifft, eine echte Kralle des Teufels. Mit harten Haken haftet sie sich an Fell, Klauen, sogar an den Fußsohlen von Elefanten und Nashörnern fest, um ihre Samen zu verbreiten, und fügt den Tieren oft schmerzhaft blutige Verletzungen zu.

Die schwarzblau-violett blühende Blume – wahrscheinlich handelt es sich um die sogenannte Eirunde Teufelskralle *(P. ovatum)* –, deren Krallen wir hier bewundern dürfen, wurde in den Voralberger Alpen auf 1400 Meter Höhe aufgenommen. Diese Art ist äußerst selten, so dass sie in der Volksmedizin oder im Aberglauben kaum eine Rolle spielt. Bekannter und häufiger anzutreffen ist die ganz nahe verwandte Waldrapunzel oder Ährige Teufelskralle *(P. spicatum)*. Sie wächst in der nördlichen Hälfte Europas in Wäldern, besonders in lichten Laub- und Mischwäldern und im Bergland auch auf Wiesen. Was das Landvolk an ihr vor allem interessierte ist, dass sie essbar ist und gut schmeckt.

Im Frühling sammelten die Bauern die Blätter als Salat oder Spinat. „Salatblätter" nannten sie diese, auch „Blutkraut" oder „Marienblatt", da die dunklen Flecken auf dem Blatt einen getrockneten Blutstropfen der menstruierenden Jungfrau in den Sinn riefen. Die im Herbst gesammelten „Milchwurzeln", „Wild Rüblein" oder „Weißrüblein" wurden roh mit Salz und Essig gegessen – sie sind eher scharf – oder als Gemüse gekocht. Eine köstliche Delikatesse sind die noch geschlossenen, cremig weißen Blütentriebe. Öfters haben wir sie, gedünstet und mit gebräunter Butter übergossen, als „Pfingstenspargel", gegessen. Aber eben nur am Pfingstfeiertag. Man will die Pflanze ja nicht ausrotten! Theoretisch könnte man auch die blauen Teufelskrallen essen, aber sie sind zu selten und viel zu schön. Man käme sich ja vor wie ein Monster, wenn man sie verspeiste!

Glockenblumen sind nicht giftig und fast alle könnten als Wildgemüse herhalten. Früher war eine blaue Glockenblume *(Campanula rapunculus)*, die man Rapunzel nannte, ein regelrecht angebautes Gartengemüse. Wir kennen sie aus dem gleichnamigen Märchen der Gebrüder Grimm. Die blau blühende Rapunzelpflanze stellt himmlische Weisheit dar, deutet aber mit ihrer Pfahlwurzel auch auf den notwendigen Gegenpol, auf die Verbundenheit mit der Erde, mit dem Körper und der Materie. Das goldhaarige Mädchen Rapunzel ist schön und voller Licht. Sie braucht diese „Rübe"; sie brauchte sie schon, als sie noch im Bauch der Mutter war. Deswegen gelüstete es die schwangere Mutter nach den grünen Rapunzeln im Garten der Nachbarin, die eine Hexe war. Den Rest der Geschichte kennen wir ja. Das Märchen steckt voller verschlüsselter Geheimnisse – die Glockenblumen und Teufelskrallen auch.

# Er macht die Butter gelb

## SUMPF-HORNKLEE

*Lotus uliginosus*

*Blütengold am feuchten Rain:*
*Goldene Schiffchen brechen auf ins Morgenrot,*
*gehisst sind gelbe Segel.*
*Sagt, wo ist euer Heimathafen? Was ist eure Fracht?*

Als mir Frank Brunke dieses Bild zeigte, musste ich beschämt zugeben, dass ich nicht wusste, welche Pflanze da so wunderschön rötlich im Aufblühen begriffen war. Das sollte der Sumpf-Hornklee sein? Doch das war er, und zwar in dem Moment, wenn die noch zusammengedrückten Knospen des doldig, halbkugeligen Blütenstandes gerade aufgehen. Später werden diese typischen Schmetterlingsblütlerblüten hellgelb und verblühen dann gelblich. Die Blüten dieser Familie bestehen aus einer senkrechten „Fahne", zwei „Flügeln" an der Seite und einem aus zwei zusammengewachsenen Kronblättern bestehenden hervorragenden „Schiffchen". Es ist dieses Schiffchen – es könnte an das Horn eines Nashorns oder an den Bug eines geschnäbelten venezianischen Schiffs erinnern –, welches der Gattung den Namen Hornklee beschert hat. Für mich sehen aber vor allem die trockenen dunklen Fruchtschoten wie Hörner aus.

Der lateinische Name der Gattung ist *Lotus*. Als Buddhist denkt man wohl sofort an das *Om Mani Padme Hum*, das „Juwel in der Lotusblüte", oder, wenn man in der indischen Mythologie bewandert ist, an die Lotusthrone der Götter oder an die zarte rosa Lotusblume *(Nelumbo)*, die sich aus dem Schlamm ins Sonnenlicht erhebt und öffnet, wie die Seele aus dem Sündenpfuhl der Weltlichkeit ins Licht der Erleuchtung. Aber damit hat dieser Lotus nichts zu tun. Anscheinend auch nichts mit der ägyptischen Lotusblume, deren Wurzeln und Samen essbar sind. Oder mit den süßen Früchten, die Homer in der Odyssee erwähnt, die im Lande der Lotusesser (Lotophagen) wachsen.

Im Altertum wurden auch die olivengroßen, nach Datteln schmeckenden Früchte des dornigen nordafrikanischen Brustbeerenbaums *(Ziziphus lotus)* als Lotus (griechisch *Lotós*) bezeichnet. Ebenso die blauschwarzen Früchte der Dattel- oder Lotospflaume *(Diospyros lotus)*.

Wir kommen der Sache schon näher: Pflanzen mit essbaren, süßen Früchten wurden in der Antike häufig als „Lotus" bezeichnet. Kann man also den Hornklee essen? Ist er süß? Nur indirekt. Er ist eine begehrte Futterpflanze des Hornviehs. Bauern sehen ihn gerne wachsen und haben ihn zum Teil auch als Viehfutter angebaut. Wenn Kühe das Kraut fressen, geben sie fettere Milch und gelbere Butter. Deswegen wohl gibt es in ganz Europa regional verschiedene Bezeichnungen der Pflanze wie Butterstöckl, Schmalzkrapfen, Eierschmalz oder englisch *butter 'n eggs*.

Als Wildgemüse kann der Mensch sie auch verwenden, aber nur im Frühling die jungen Triebspitzen und Blätter. Sie schmecken eher streng, etwas zwischen Erbsen und bitterer Mandel, und eignen sich deshalb auch eher zum Würzen. Die jungen Samenschoten, schreibt Steffen Fleischhauer, können wie Bohnenschoten zubereitet werden. Die getrockneten Blüten kann man zermahlen und mit ins Backmehl tun.

Der Hornklee ist im wahrsten Sinne des Wortes attraktiv. Immer wenn wir bei unseren Kräuterwanderungen am blühenden Hornklee vorbeikommen, bleiben die Teilnehmer wie angewurzelt stehen. Diese Anziehungskraft hat sicherlich etwas mit dem „animalischen Magnetismus" der Pflanze zu tun. Mit Hilfe der Wurzelbakterien in den Wurzelknöllchen nimmt die Pflanze Luftstickstoff auf. Stickstoff ist der „Inkarnationsstoff astraler Wesensbereiche" (Rudolf Steiner). Das heißt, das Element ist unentbehrlich bei der Eiweißsynthese und Eiweiß ist die typische Substanz des tierischen Körperaufbaus. Tiere könnten sich nicht ohne ihn verkörpern. Etwas tierisch ist er also schon, dieser Hornklee! Die Blüten sind auch nicht strahlig radiär, sondern sind zygomorph, sie hängen waagerecht im Raum, haben ein Oben und ein Unten wie die Hummeln und Bienen, die sie besuchen, und die Widderchen, deren Raupen sich an seinen Blättern wie am süßen Lotus satt fressen.

# Feuerpflanze mit Liebe zum Wasser

## ZOTTIGES WEIDENRÖSCHEN

*Epilobium hirsutum*

Im Morast hinter dem Haus wächst flächendeckend der Kälberkopf, Alpengreiskraut, Mädesüß, Schlangenknöterich und andere Kinder Gaias, die es sumpfig feucht und kühl mögen. Auch das Zottige Weidenröschen, im Volksmund auch Sumpfweidenröschen oder Blumenweiderich genannt, bildet hier und da Horste. Man wird auf die mit weichen Härchen übersäte, bis zu 1,50 Meter hohe, sonst aber eher unspektakuläre Staude erst richtig aufmerksam, wenn sie im Juni anfängt zu blühen. Es sind karmesinrote Blüten, hübsche Blüten, wie es sich für ein Nachtkerzengewächs *(Onagraceae)* gehört. Wie ihre Verwandten, die Nachtkerzen, Clarkien, Godetien oder Fuchsien, ist dieses Weidenröschen schön genug, dass es gelegentlich als Gartenpflanze angebaut wird.

Etwa 20 Weidenröschenarten wachsen in Europa. Am bekanntesten ist das Waldweidenröschen *(E. angustifolium)*, benannt nach seinen schmalen, weidenartigen Blättern. Aus gutem Grund wird es auch Brandkraut, Feuerkraut und Feuerblume (amerikanisch *fireweed*; französisch *feu-sauvage*) genannt. Kurz nach einem großflächigen Waldbrand – man sieht es häufig in den Rocky Mountains – bedeckt die rotblühende Pionierpflanze Hunderte von Quadratkilometern. In der feuerversengten Erde keimen ihre Samen besonders gut. Die roten Blütenkerzen sehen selber wie lodernde Flammen aus. Schnell besiedelt die wärme- und lichtliebende Pflanze Kahlschläge und Steinbrüche, wie auch Schutt, aufgewühlte Erde und, wie nach dem Krieg, die Bombentrichter.

Für die Kelten war die rote Feuerblume ein Ausdruck des Feuergottes *Lugus (Lugh)*, dessen Fest im August – da ist das Waldweidenröschen in voller Blütenpracht – mit einem Festfeuer begangen wurde. Lugus, verwandt mit dem germanischen *Loki*, ist der Gott der Ernte, der das Korn zur Schnittreife bringt, die Kräuter mit feuriger Heilkraft füllt und der eines Tages, wenn sich das Schicksal erfüllt und das Maß der Boshaftigkeit voll ist, die Welt im Feuer vernichtet. Mittelalterliche Christen weihten die Feuerpflanze dem Heiligen Antonius, dem Patron des Feuers und Beschützer der Schweine vor dem Milzbrand – sowie der Menschen vor dem „Antoniusfeuer“ (Antoniusfeuer = Vergiftung mit dem Mutterkornpilz und den damit verbundenen brennenden Schmerzen und dem Schwarzwerden von Händen und Füßen). Sankt Antoniuskraut, *herbe de Saint-Antoine*, Eberkraut oder Sauwurz nannten sie es.

Ganz anders das hier abgebildete, nahe verwandte Zottige Weidenröschen. Auch wenn es im heißen Sommer blüht, so ist es eher ein Kind des Wassers und des Mondes. Es ist schwerer, plumper und fühlt sich kühl an. Es braucht nassen Boden und schützt sich vor zu starker Sonneneinstrahlung mit seinem haarigen Pelz. Im Gegensatz zu anderen Weidenröschenarten hält es seine Blüten bei Regenwetter offen. Die leichten Samen verderben nicht im Wasser, sie können schwimmen. Das Zottige Weidenröschen könnte man, im alchemistischen Sinn, als Feuer im Wasser bezeichnen. Aus diesem Grund könnte man meinen, dass es in der Volksheilkunde eine große Rolle spielt. Erstaunlicherweise ist dem nicht so. Diese Rolle kommt eher dem verwandten Kleinblütigen Weidenröschen zu, das bei Prostataentzündung eingesetzt wird. Wie auch beim Waldweidenröschen dienen die getrockneten Blätter des Zottigen Weidenröschens als angenehm schmeckender Schwarztee-Ersatz. Der Tee soll auch gut bei Kopfschmerzen sein, die Darmfunktion normalisieren und bei Durchfall helfen.

Als essbare Wildpflanze wird unser Kraut immer wieder erwähnt. Wie bei dem Waldweidenröschen sollen die jungen Triebe und Blätter gut in Suppen und Gemüseaufläufen schmecken. Beim Waldweidenröschen kann ich es bestätigen; beim Zottigen steht der Versuch noch aus. Zwar geistert in der englischsprachigen Literatur die Geschichte herum, dass ein Kind, nachdem es einige der Blätter des Zottigen Weidenröschens gegessen hatte, epileptische Anfälle erlitt und ins Koma fiel, aber sicherlich ist das eine „Ente“. Die Inhaltsstoffe geben jedenfalls keinen Hinweis darauf, dass die Pflanze irgendwie giftig sein könnte.

# Den Schreck wegwaschen

## KOHLDISTEL

*Cirsium oleraceum*

*Nadeln und Stacheln hast du nicht,*
*bunte Blüten fehl'n dir auch,*
*kein edles Purpur im Gesicht,*
*bist der Narr unter Disteln, ein Gauch.*
*Deine Blütenseele weißlich gelb und blass,*
*und die Wurzelfüße sind ständig nass.*
*Als Schmetterlinge bunt, fliegen deine Gedanken,*
*deine leichten Schwebesamen kennen keine Schranken.*

Es ist schon lange her. Wie von einem anderen Stern kommend, landeten wir wieder in der Alten Welt, abseits vom gesellschaftlichen Getriebe, im Wald am Fuße der Alpen. Unbeschwert von viel materiellem Besitz überlebten wir, dank Gebet und harter Arbeit ... und unserer Kenntnis essbarer Wildpflanzen. Die Kohldistel gehörte ab und zu mit zu den Pflanzen, die ihren Weg in den Kochtopf fanden. Ihre jungen Blätter und Triebe machen ein angenehmes, leicht bitter schmeckendes Gemüse. Die schöne Kratzdistelart sticht nicht wie ihre nahe Verwandten; auf spitze Stacheln hat sie verzichtet.

Im sumpfigen Gelände, nahe dem Haus, wächst sie freudig neben Schlangenknöterich, Brennnessel und Wiesenbärenklau – das sind ebenfalls gut schmeckende Wildgemüse – und dem Mädesüß, dessen Tee schmerzlinderndes Aspirin ersetzt. Ja, die Natur hält viele gute Gaben für den Menschen bereit! Leider hat er das meiste davon vergessen. Oder will man es vergessen machen, da es nichts daran zu verdienen gibt?

Die Kohldistel, die vom nördlichen Europa bis nach Sibirien verbreitet ist und bis auf rund 2000 Meter Höhe hinaufwächst, muss schon lange als Wildgemüse verwendet worden sein. Der lateinische Name der Art, *oleraceum*, bedeutet „kohlartig" (von *olus* = Kohl, Gemüse) und daher „essbar". Volkstümliche Benennungen wie Wiesenkohl, Slappkohl (Holstein), Gemüsedistel oder englisch *cabbage thistle*, deuten das an. In Westeuropa kennt man die Kohldistel kaum als Nahrungsmittel, bei den Slawen und Sibiriern ist sie jedoch beliebt; und in Japan und China wird sie regelrecht als Gemüse angebaut. Die Wurzeln, die im ersten Jahr angenehm zart sind, dienen als Koch- und Backgemüse. Man kann sie auch trocknen, zermahlen und als Gemüsemehl oder zur Beimischung im Brotmehl verwenden. Die Blütenböden können geschält und wie Artischocken zubereitet werden.

Pferdekohl oder Pferdedistel wird dieser Korbblütler auch genannt. Der Name bezieht sich auf den alten vorchristlichen Brauch, die Pflanzen nach Tierkategorien zu klassifizieren: Als Bärenpflanzen galten die großen, behaarten, besonders heilkräftigen Gewächse; als Wolfspflanzen die ätzenden und giftigen; Krötenpflanzen hatten mit der Gebärmutter zu tun; Hundepflanzen waren die nutzlosen oder stinkenden; und als Pferdepflanzen bezeichnete man große, grobschlächtige Pflanzen. Groß ist diese Distel schon, aber vielleicht bezieht sich der Name darauf, weil Pferde sie gerne fressen. Sie mögen das leicht Bittere, es tut ihrer Verdauung gut. Auch andere Weidetiere naschen gerne die saftigen Blätter. Hier und da nannten die Bauern die Kohldistel Kuhkraut, Milchblätter oder Schmantkraut (Schmant = Sahne), da man glaubte, sie rege die Milchdrüsen der Rinder an.

Die Kohldistel besiedelt vor allem feuchte schwere Böden, nasse Wiesen, Moore und Ufer. Die großen weichen, kahlen Blätter haben höchst unterschiedliche Erscheinungen. Es ist, als spiele sie mit den Formen. Manchmal sind sie eiförmig oder elliptisch mit gesägtem Rand, manchmal schrotsägeförmig und tief fiederspaltig. Wegen der unregelmäßig geschnittenen Blätter wird die Kohldistel häufig auch Schärdistel, Schärpflug oder Scherkraut genannt – von dem alten germanischen Wortstamm *sceran* (= schneiden, scheren).

Von Juni bis September blüht die Pflanze. Die Blüten, bestehend aus Röhrenblüten, sind weißlich gelb und verströmen einen herrlichen vanilleartigen Duft, der nicht nur die Menschennase erfreut, sondern auch Hummeln, viele schö-

ne bunte Falter, Ohrenkneifer und andere kleine Insekten anzieht. Wie wir auf dem Bild sehen, umgibt ein tütenförmiger Kranz bleicher, gelbgrüner Hochblätter die Blüten.

Eigentlich erstaunt es, dass die Kohldistel kaum Erwähnung als Heilpflanze findet. Der Gattungsname *Cirsium* wird gemeinhin vom griechischen *kirsion*, „ein Mittel gegen Krampfadern“ (griechisch *kiros* = „Krampfader“) abgeleitet. Aber in der Praxis geschah das nie, denn die Wortdeutung ist falsch. In Wirklichkeit geht das Wort auf das indogermanische **sker* zurück, was „scheren“ bedeutet und uns wieder zum Scherblatt bringt. Hier und da liest man, dass Abkochungen der Wurzel in der Volksmedizin als Mittel gegen Rheuma und Gicht Verwendung fanden. Das soll die Schmerzen lindern und die Anfälle mildern. Auch sollen die Kräuterfrauen gelegentlich einen heißen Tee aus den Blättern bei Verdauungsschwäche, Kopfschmerzen und Krämpfen der Muskulatur verwendet haben. Aber eigentlich hat die Volksmedizin für solche Leiden andere, wirksamere Heilkräuter zur Hand.

In Amerika wächst die Kohldistel nicht, aber nahe verwandte Kratzdistelarten – etwa *C. edulus* – wurden von den Indianern häufig gegessen und kamen mit in verschiedene heilende Gebräue. Die chinesische Medizin verwendet eine nahe verwandte Art *(C. setosum)* zur Stärkung des Leberfunktionskreises. Mir scheint, das hat seine Richtigkeit, denn alle Disteln haben eine positive Wirkung auf die Leber und die Bauchspeicheldrüse. Sie haben eine bittere Note, die anregend auf die Leber wirkt und, anstatt Zucker, das pankreasfreundliche Inulin enthalten.

In Ost- und Mitteldeutschland hieß die Kohldistel oft Schreckkraut oder Schreckdistel. Sie wurde eingesetzt gegen die Folgen eines Schrecks, besonders bei kleineren Kindern. Infolge eines solchen Schrecks, der auch durch Hexerei, falschen Lob oder den bösen Blick ausgelöst werden konnte, kränkelten die Kleinen, wurden weinerlich, schliefen unruhig oder wurden von Ausschlägen geplagt. „Schreck“ wird heutzutage nicht mehr als Krankheitsbild anerkannt, aber in vielen Kulturen, besonders in Lateinamerika, wird es – *Susto* genannt – oft diagnostiziert und mit einer rituellen Waschung *(limpia)* vom Betroffenen entfernt. Bei den Lausitzer Wenden baden die Mütter derart traumatisierte Kinder in einer Abkochung des getrockneten Kohldistelkrauts und schütten dann das Badewasser unter den Hofholunder. Der Holunder, der Baum der Frau Holle, zieht alles Üble und Krankhafte nach unten in die Erde und neutralisiert es. Unter dem Baum, so die alte Sage, sitzt die Hollemutter am Feuer – im Mittelalter wurde sie zur „Großmutter des Teufels“ – und rührt ihren Kochkessel. Krankheitsdämonen und andere böse Geister fallen in den Sud und werden zerkocht.

Auch sonst, wenn kleine Kinder unruhig waren und „quärschelten“, badete man sie mit dem Schreckdistelkraut. Aus diesem Brauch erklären sich weitere ostdeutsche Benennungen der Pflanze: Waschblätter, Verwaschkraut und Berufskraut. Unter „Berufskraut“ verstand man Kräuter, die gegen „Berufung“ schützen, also gegen schädlichen Wortzauber, Hexerei und negative Einflüsse, die auf Neid und Missgunst zurückzuführen sind. Zur Räucherung gegen ruhelose Geister verwendete man es ebenfalls.

„Verwaschkraut“ nannten die Schlesier die Pflanze, mit der man Berufungen abwusch. Es musste genau in der Mittagsstunde, zwischen dem ersten und dem zweiten Glockenschlag, gepflückt werden. Für die indogermanischen Völker ist diese Zeitspanne – wie auch Mitternacht – eine Geisterstunde. Sie ist das „High Noon“, das wir aus dem Western kennen, eine „Zwischenzeit“, in der die Sonne kurz still steht und der Mittagsgeist oder die Mittagsfrau – bei den Spreewenden die *Poludnika* oder *Pschipenza* – erscheinen kann. Wenn in dieser magischen Zeitspanne die Kirchenglocken läuten, dann sind Hexen, böse Geister und die Zwerge *(Lutki)* machtlos. Es ist also die beste Zeit, die Kohldistel zu pflücken.

# Wider Würmer und Dämonen

## RAINFARN

*Tanacetum vulgare*

*Goldene Knöpfe, Blätter wie Farn,*
*Hüter der Schwelle, dein Wesen ist warm.*
*Nach altem Brauch reinigt dein Rauch,*
*dein würziger Duft, verpestete Luft.*
*Du wendest der kalten Würmer Wut,*
*bist selber giftig und dennoch gut.*
*Denn Gift vertreibt Gift – das lehrten die Alten –,*
*so kannst du Mensch und Vieh gesund erhalten.*

Der Rainfarn erscheint in keiner Schrift der antiken Ärzte. Aber alles deutet darauf hin, dass der stark aromatische Korbblütler aus der Gattung der Chrysanthemen für die Germanen praktisch eine heilige Pflanze war. Der alte Name ist *Reynvane,* also „Grenzfahne". Das hochwachsende Kraut mit seinen goldgelben Blüten wächst am Rain, am Rande des kultivierten Landes, dort wo Wald und Wildnis anfangen und wo, hinter der Dornenhecke, wilde Tiere, Zauberer und wurmgestaltige Dämonen hausen. Die Grenze zwischen dem gerodeten Acker- und Weideland und dem Urwald war nicht nur eine physische Grenze, sondern zugleich eine metaphysische, eine Grenze zur Anderswelt.

Würzige Rainfarnblätter waren Teil der Frühlingskultspeise der nordeuropäischen Eingeborenen. Sie wurden zu Ostern, dem Fest der Göttin des neuen Lichtes, *Ostara,* mit anderen Frühlingskräutern in Eierkuchen oder Gebäck gegessen. Der Brauch hat sich im ländlichen England bis heute erhalten. Im ganzen Mittelalter wurden, vor allem zu Feiertagen, Kräuterwecken gegessen, um Befall durch Seuchen, Fieber, Fallsucht und Dämonen vorzubeugen. Auch die heilige Hildegard verordnet den *Reynfan-Tanacetum* in *Chuhelin* (Küchlein) gebacken oder in Fleischbrühe gekocht als Hustenmittel, denn das Kraut „ist warm und mäßig feucht und hilft gegen alle überfließenden und ausfließenden Säfte". An dieser Stelle muss jedoch vor Nachahmung gewarnt werden, denn der Rainfarn ist auch giftig! Man muss vorsichtig mit der Dosierung sein, die Pflanze enthält das Nervengift Thujon. In geringen Dosen wirkt das Kraut tonisch, anregend und verdauungsfördernd. In überhöhter Dosierung (fünf bis 15 Gramm) kommt es zu Bauchkrämpfen, Herzrhythmusstörungen, Uterusblutung, Nieren- und Leberschädigung und eventuell zum Tod.

Diese Giftwirkung – in der richtigen Dosierung – ist es, die den Rainfarn für die Germanen zum wichtigen Wurmmittel machte und noch heute den Gärtnern als Pflanzenschutzmittel dient. Wurmblumen, Wurmfarn, deutsches Wurmkraut, Burewörmkrutt, Pferdewurmkraut und ähnliche Bezeichnungen auch in anderen europäischen Sprachen deuten das an. Nicht nur Bandwürmern, Spul- und Madenwürmern rückte man damit zu Leibe. Für die germanischen und keltischen Völker hatten die unsichtbaren Krankheitsdämonen Wurmgestalt und wurden damit ebenfalls vertrieben. Im Mittelalter nahm man die gepulverten Blüten auf nüchternen Magen morgens und abends mit Honig ein. Oft gehörte der richtige Spruch zur Kur, etwa dieser Abzählzauber bei einem wurmbefallenen Ross: „9 Prediger, 8 Prediger, 7 Prediger ... 1 Prediger, kein Prediger. So wie die Prediger alles verloren haben, so sollen diese Würmer das Pferd verlieren!"

Rainfarn galt auch als Frauenkraut. Es wurde als (riskantes!) Abtreibungsmittel oder als Mittel zur Anregung der Periode verwendet. Hildegard verschreibt ein warmes Sitzbad mit Rainfarn, Mutterkraut und Königskerze „bei verstopftem Monatsfluss". Ebenfalls sehr alt ist der Brauch, mit dem getrockneten Kraut – auch Mutter Gottes Rute, Kraftkraut und Jesuswurz genannt – gegen böse Gespenster und dem Teufel zu räuchern. Tabernaemontanus (16. Jahrhundert) schreibt: „Der Rauch von Reynfarn macht Kinder lustig und fröhlich, behütet sie vor Krankheit, vertreibt darneben alle Fantaseyen und Gespenst, derowegen man die Kinder und Kinderbetterinnen darmit zu beräuchern pflegt." Selbstverständlich war die Pflanze Teil des Kräuterbüschels, in dem die Frauen ihre wichtigsten Heilmittel zusammenfassten, und den sie zu Mariä Himmelfahrt (15. August) in der Kirche weihen ließen.

# Kräftig in Wurzel und Dorn

## DORNIGE HAUHECHEL

*Ononis spinosa*

*Deine spitzen Stacheln kümmern mich nicht,*
*was bist du doch so schön!*
*Fröhlich lacht dein hübsch' Gesicht;*
*bunte Fahnen lässt du weh'n!*
*Doch für die Bauern bist ein Schreck,*
*den Ochsenpflug bringst du zum Stehen,*
*den Frauen zupfst du an dem Rock,*
*sie mögen's nicht, dich zu sehen,*
*treibst sie regelrecht zur Wut,*
*doch wenn sie nicht mehr seichen können,*
*ist deine Wurzel ihnen recht und gut.*

Die rosaroten, hellvioletten Blüten, die im Juli, August in den Blattachsen der Hauhechel erscheinen, muten an wie kleine Schmetterlinge, die auf einem Dornenbusch gelandet sind. Typische Schmetterlingsblütlerblüten! Auffallend die dunkelrötlich geaderte „Fahne", das hintere, größte Blütenkronblatt, das wie ein Wirtshausschild Insekten zum Imbiss lockt. Wenn sie ankommen, stehen sie vor einer verschlossenen Tür. Landen sie, dann drückt ihr Gewicht die „Flügel" – das sind die zwei kleineren seitlichen, helleren Blütenkronblätter – und das mit ihnen verbundene „Schiffchen" – der spitzauslaufende Kiel, bestehend aus zwei vorderen Kronblättern – auseinander, und, Simsalabim, die Tür öffnet sich.

Der obere Rand des Schiffchens spaltet sich und Narbe und Staubblätter treten hervor. Der Tisch ist gedeckt. Fehlt leider der süße Nektar, aber nahrhaften Blütenstaub (Pollen) gibt es genug. Der klebrige Blütenstaub wird beim Herunterdrücken des Schiffchens als nudelförmige Masse durch den Staubbeutel herausgedrückt. Nudelspritzen- oder Pump-Einrichtung nennen das die Botaniker. Wenn das Insekt fortfliegt, schließt sich das Schiffchen wieder.

Für die Raupen des Hauhechelbläulings ist dieser Schmetterlingsblütler die Futterpflanze. Das strahlend helle Blau dieses hübschen kleinen Falters ist die genaue Komplementärfarbe zum hellen Rosa der Blüte.

Als Gegenpol zur rosafarbenen Blütenpracht hat der Hauhechel kräftige Pfahlwurzeln, die einen halben Meter in die Erde reichen. Die Wurzeln sind so stark, dass sie den Bauern früher das Pflügen und Eggen erschwerten. Schon die alten Römer nannten die Pflanze *remora arati*, „Pfluganhalter". Pflugstörz heißt sie im bayrischen Schwaben, denn sie bricht oder stürzt den Pflug. Ochsensperre, Ochsenbrecher oder Kuhschweiß heißt sie, weil die Kühe besonders schwitzen müssen, wenn Hauhechel auf dem Acker wächst, den sie pflügen müssen. Auf den mageren Kalkböden, wo sie wächst, trägt sie jedoch zur Fruchtbarkeit bei: An ihren Wurzeln sitzen Knollenbakterien, die den Stickstoff aus der Luft fixieren.

Der Hülsenfrüchtler bekam seinen Namen wegen der Dornen. Eine Hechel ist ein Stachelwerkzeug zum Durchziehen (Hecheln) von Faserpflanzen wie Flachs oder Hanf. Er ist also eine „Heu-Hechel", ein Heuhaken, auch Harke, Quäldorn oder Katzendorn genannt. Weiberkrieg und Weiberzorn heißt er auch, da die Bauersfrauen beim Jäten, Heuen und Garbenbinden ihren Krieg mit ihm hatten. Die Dornen stachen nicht nur die Finger blutig, sondern zupften und rissen an den Röcken.

Diese Dornen aber haben etwas mit der Heilkraft der Pflanze zu tun – das wenigstens behaupten anthroposophische Heilpflanzenkundige. „Jeder Dorn ist ein zurückgehaltener, nicht entfalteter Zweig, jeder Stachel ein zurückgehaltenes Blatt", sagen sie. Vitale (ätherische) Lebenskräfte sind es, die zurückgestaut werden. Im Heilmittel – als Wurzelabkochung – werden sie dann im Organismus freigesetzt. Sie bewegen und regen den menschlichen Ätherleib, der vor allem mit dem Flüssigkeitshaushalt zu tun hat. Daher vermag die Hauhechel wässrige Stauungen aufzulösen und Ausscheidungen anzuregen.

Schon immer galt die Abkochung der nach Süßwurz riechenden Wurzel als gutes harntreibendes und Nierengrieß auflösendes Mittel. Auch bei Gicht und Gliederreißen soll sie helfen können.

# Natürliches Aspirin ohne Nebenwirkungen

## MÄDESÜSS, WIESENGEISSBART
*Filipendula ulmaria, Spirea ulmaria*

*Sumpfig, schwer und immer kalt – dein Wurzelboden ist ein nasser;*
*fließend durchqueren deine Ausläufer ihn, als seien sie selber Wasser.*
*Der dumpfen Schwere zu entfliehen, strebst hinauf zur Sonne,*
*blühst cremeweiß auf, in lauer Luft, wie eine Sommerwolke,*
*wie Schlagsahne leicht, oder Meeresschaum,*
*träumst den warmen Mittsommernachtstraum*
*und betörst mit deinem Duft – herbsüß wie Mandelbitter.*
*Wiesenkönigin bist du, umsummt vom schwirrenden Krabbelvolke,*
*Heilerin bist du, erquickest die Sinne, machst fröhlich das Herz,*
*bannst Gliederreißen, der Gelenke Schmerz und andere Plagen,*
*die Mensch und Bär – der kalten Nässe wegen – genötigt sind zu ertragen.*

Was sehen wir auf diesem Bild? Bäckerware, Zimtschnecken etwa? Oder den neuesten Schrei avantgardistischer Kunst? Ich kann es euch sagen. Wir sehen hier den Ursprung des Wortes Aspirin. Es handelt sich um eine vergrößerte Nahaufnahme der gekrümmten, pastellbraunen Samen oder Nüsschen der Mädesüßstaude. Diese Früchtchen, die im Herbst in Sechser- oder Achtergruppen auf der Pflanze ausreifen, sehen aus, als seien sie spiralig gedreht. Dieses Merkmal hat der Gattung den Namen *Spirea* (vom lateinischen *spiralis* = „schneckenförmig", und *spira* = „gewunden") gegeben. Spierstaude, Sumpfspierstaude und Spierblume sind synonyme Namen des Mädesüß.

Diese Spierstaude wurde schon seit keltischen Zeiten als schweißtreibendes, fiebersenkendes, entzündungshemmendes, schmerzstillendes, antirheumatisches, „blutreinigendes" und stimmungserhellendes Heilkraut verwendet. Es enthält nämlich ätherisches Öl mit freier Salizylsäure, die im Körper zu Acetylsalicylsäure (=Aspirin) verstoffwechselt wird. Der Markenname Aspirin ist ein zusammengesetztes Kunstwort *A*(cetyl)+*spir*(ea)+*in*, in dessen Mittelsilbe sich eben die *Spirea* befindet. Tatsächlich kann der Wiesengeißbart alles, was der synthetische Stoff kann: Neben seiner schmerzstillenden Wirkung ist er auch blutverdünnend und kann Blutgerinnsel verhindern. Da die Pflanzendroge auch Gerbstoffe, Flavonide und andere Wirkstoffe enthält, verursacht sie keine Magendarmschleimhaut-Reizung oder -Blutung als Nebenwirkung, wie es beim Aspirin der Fall ist. Salizylsäure befindet sich auch in Weidenrinde und in Bibergeil. Alle drei – Mädesüß, Weide und Biber – haben etwas gemeinsam: Sie bewohnen kalte Sümpfe. Vielleicht brauchen sie das „Aspirin", um mit ihrer feuchtkalten Umwelt zurechtzukommen.

Das Mädesüß ist ein Rosengewächs. Die locker zusammengefassten, duftenden sahnigfarbenen winzigen Blüten, sind eigentlich kleine „Röschen". Mit süßen Mägden jedoch hat der Name nichts zu tun, auch nichts mit „süßer Mahd", also gut duftendem Heu. Metwurz ist der alte germanische Name – angelsächsisch *Meduwyrth*, skandinavisch *Mjedurt*, englisch *mead wort, mead sweet.* Es ist also eine „Wurz", mit der Honigwein (Met) gewürzt und haltbar gemacht wurde. Honigwein opferte man den Göttern und den Ahnen; er galt als edles Getränk, im Gegensatz zum gewöhnlichen, alltäglichen Bier. Für die Kelten, die ebenfalls den Met verehrten, gehörte Mädesüß – wegen der oft blutroten Stängel *Rodaron* (keltisch *roudos* = rot) genannt – zu einem heiligen Pflanzentrio, zusammen mit Mistel und Eisenkraut.

Angeblich wurden die Böden der Hallen, Festgemächer und Tanzplätze damit bestreut – ein Brauch den man noch im England Shakespeares kannte. Sein Zeitgenosse, der Kräutermann John Gerard, sagt: Diese duftende Streu „erfreut die Sinne und macht das Herz fröhlich". Auch Färbemittel für die karierten keltischen Gewebe wie auch für schottische Tartans wurde häufig aus dem Wiesengeißbart gewonnen. Die Farben waren, je nach Beizmittel, gelb, grün, rosa oder schwarz. Imker benutzen das Kraut – auch Bienenkraut und Immenkraut genannt – um Bienenstöcke damit auszureiben. Das mögen die Honigtierchen, so dass junge Völker den Stock nicht verlassen. Wahrscheinlich haben keltische und germanische Imker das auch getan.

# Auf Seelenreise verwandelt zum Wolf

## WOLFSEISENHUT

*Aconitum vulparia, A. lycotonum*

Die blassen, weiß gelblichen Geistergesichtchen der Blüten, die Frank Brunke mit seiner Kamera hier festhielt, vermitteln etwas von dem Unheimlichen, das dieser Waldpflanze anhaftet. Die zygomorphen Blüten muten „tierisch" an, sie bringen kiemenatmende Föten, außerirdische Kaulquappenwesen, verkappte Mönche oder vermummte Ku-Klux-Klaner in den Sinn. Aber auch weiße Tauben, „Täubchen im Schlag", Pferdchen, weiße Rösserl, Jungfern und gelbe Narrenkappen sah man in der Blüte. Auf jeden Fall spüren wir, hier senkt sich „Astrales", Tierhaftes tief in einen Pflanzenkörper hinein.

Die mit diesem hochgiftigen Hahnenfußgewächs verbundenen Geschichten sowie auch dessen viele Namen – es sind allein über Hundert im deutschsprachigen Raum – bestätigen das. Die antiken Völker brachten *Aconitum* mit der dunklen Göttin Hekate, der Herrin der Geister und Beschützerin der Hexen, sowie mit ihrer Jüngerin, der Zauberin Medea, in Verbindung. Die Pflanze sei aus dem zu Boden getropften Geifer des dreiköpfigen Höllenhundes Cerberos entstanden. Oder vom Blut des Prometheus, der zur Strafe für den Diebstahl des göttlichen Feuers an einen Felsen gekettet wurde, wo ihm jeden Tag ein Adler die Leber zerfleischte.

Für die Germanen war der Eisenhut – genannt Wolfswurz, Wolfstod oder Wolfsgift – eine Luppewurz (keltisch *lubi*; althochdeutsch *luppi* = „tödlicher Saft", Gift, Zauber). Aus dem Sabber des vieräugigen Höllenhundes Garm sei sie entstanden; zum Schadzauber als Pfeilgift und zur Herstellung von Giftködern für Hunde, Füchse und vor allem Wölfe verwendet. Das nahverwandte Blaue Eisenkraut *(A. napellus)*, das oft auf der Alp (Alm) in Nähe der Sennhütten wächst, soll zu dem Zweck dort früher von den Hirten ausgesät worden sein.

Vielleicht ist das aber nicht der einzige Grund, warum es als „Wolfspflanze" gilt. Heidnische Schamanen und später die Hexen mischten geringe Mengen der Samen, zusammen mit anderen psychoaktiven Pflanzen in die Hexensalben, so dass sie im Zustand der Verrückung in Tier- oder Wolfsgestalt durch die Nacht streifen konnten. Wissenschaftler vermuten, dass die Toxine Hautkribbeln verursachen, weil die sensiblen Nervenendungen angeregt werden, so dass der Eingesalbte halluziniert, es wachse ihm ein Pelz. Ich glaube aber, dass sie wirklich als Wölfe durch den Wald streiften. Das Gift (Diterpenalkaloide) lockert nämlich die Seele aus dem körperlichen Gefüge. Derweil der Körper in regloser Starre verharrt, kann die reisende Seele in Tierkörper hineinfahren.

Die Wolfsverwandlung wird besonders mit diesem Wolfseisenkraut – auch „Gelbe Gelstern" (althochdeutsch *Galster* = Zaubergesang, Giftmischer) genannt – in Beziehung gebracht. Diese Art Trance oder Seelenreise gehörte zur Kunst des Toten- und Schamanengottes Odin-Wotan, dem Meister der Verwandlung, der Zauberei, und Herren der Wölfe. In Norwegen heißt das Kraut *Tyrs Helm.* Tyr oder Tiwaz – nach ihm wurde der Dienstag benannt – opferte seinen Arm, damit der gefräßige Fenriswolf gefesselt werden konnte. Am Ende der Zeit, beim Götteruntergang, kommt es zum Zweikampf zwischen dem einarmigen Tyr und dem Höllenhund Garm, wobei beide – Auflösung der Gegensätze! – gleichzeitig zugrunde gehen.

*Dein Anblick, Eisenhut, beflügelt meine Fantasie,*
*wie einst, als ich saß auf Großvaters Knie,*
*und lauschte voller Gruseln gespannt,*
*Geschichten vom Zauberwald und Geisterland,*
*von Tarnkappen der Wichteln und verhüllten Leut',*
*vom Nachtgespenst, das das Sonnenlicht scheut,*
*vom Giftmörder seiner Giftblum', von fiesen Verbrechen,*
*von Hexenmeistern und wie sie sich rächen.*
*Sturmhut, vor deiner kalten Wut sei man auf Hut!*
*Den Werwölfen lässt wachsen Pelz und Haar,*
*für Isegrim aber bist große Gefahr;*
*die Hexen in Trance bringst zum Fliegen,*
*den edlen Wolf aber zum Erliegen.*

# Aufschäumendes, erweichendes „Wendekraut"

## TAUBENKROPF-LEIMKRAUT
*Silene vulgaris*

*„Schaumschläger, Kuckucksspucketräger*
*Luftei, mei mei, bist schaumig leicht;*
*bildest dir wohl ein, ein Tier zu sein?*
*Knallfrosch oder Seegurke vielleicht?"*
*„Hört auf, mich zu necken,*
*denn ich kann erwecken*
*in den Kindern ein Lachen,*
*kann Knallen und Schallen,*
*und sie fröhlich machen."*

Der Blütenkelch des hier abgebildeten, noch verschlossenen Taubenkropfs sieht aus wie irgendein tierisches Hohlorgan, aufgeblasen und mit einem Netzwerk rötlicher Blutgefäße. Es ist vor allem dieses ballonartige Gebilde, das an diesem Nelkengewächs am meisten Aufmerksamkeit erregt. Diese Blase war es, die den Arzt und Botaniker Lobelius (1576) veranlasste, der Gattung den Namen *Silene* zu geben.

Die Silenen der griechischen Mythologie waren die ständig betrunkenen, fettbäuchigen, aufgedunsenen Begleiter des Weingottes Dionysos. Geile, halbmenschliche Geschöpfe waren das, mit Pferdeohren, Pferdeschweif und Hufen, die sich auf blühenden Sommerwiesen tummelten und, mit erigiertem Glied, den Nymphen und ekstatischen Mänaden nachstellten. Ihr Anführer war der stumpfnasige, glatzköpfige, dickbäuchige Silenos, der überschäumend lebenslustige Sohn der Pan. Wer sich jetzt Hoffnung macht, in dieser Pflanze ein Aphrodisiakum vor sich zu haben, den muss ich leider enttäuschen. Lediglich der aufgeschwollene Blütenkelch stand Pate bei der Namensgebung.

Das kommt auch in vielen Mundarten und Sprachen zum Ausdruck: Blasenkraut, Aufblaskraut, Tuutsen (Dietmarschner Mundart *Tuuts* = aufgeblasener Frosch, Kröte), Krackei (Krähenei), Weiberkittel, Büxenbloom (plattdeutsch *Büx* = weite Hose), Bubensäckli (Bubenhoden), Glocken, Schweller, Kropf, Taubenkropf, Schafskropf. Trotz letzterer Bezeichnungen ist es kein Heilkraut für Kröpfe. Überhaupt spielt es eine geringe Rolle in der Volksmedizin. Es galt lediglich als „Wendekraut": Es hilft, dass sich der Krankheitsverlauf zum Besseren wendet.

Wie die meisten Nelkengewächse, voran die Seifenkräuter *(Saponaria)*, enthält das Leimkraut viel Saponin. Saponine verringern die Oberflächenspannung des Wassers und machen Schaum. Seifenkrautwurzeln sind dermaßen saponinhaltig, dass noch immer alte Textilien in den Museen damit schonend gewaschen werden können. Auch Taubenkropfwurzeln machen gut Schaum. Im Körper wirken die Seifenstoffe leicht schleimlösend, leicht harntreibend und verdauungsfördernd. So wurde das Leimkraut auch angewendet. Es hat die Signatur der Harnblase, also kam es als Blasenkraut oder Seichglöckel mit in harntreibende Tees. Die weichen, biegsamen Stängel galten als weitere Signatur: Gliedweich oder Gliederweich nannten es die alten Kräuterärzte und benutzten den in Öl, Essig und Wein gesottenen ausgepressten Saft, mit Kleie, „zur Erweichung der verrenkten, verhärteten Glieder". Man kann es auch essen. Die jungen blaugrünen Blätter („Hasenkohl") sind ein gut verdauliches Gemüse, mit erbsenartigem Geschmack.

Nicht nur enthält das Leimkraut Schaumstoffe, häufig findet man weißen Schaum, der wie Spucke aussieht, an den Stängeln und Blättern. Kuckucksspeichel heiß das im Volksmund, weil man meinte, der Kuckuck spucke sie an. Es ist jedoch die Larve der Schaumzikade, die sich, zum Schutz gegen Austrocknung und vor Feinden, in diesen Schaum einhüllt.

Über Jahrhunderte gaben Kinder, von einer Generation an die andere, Kindergeheimnisse und -spiele an Altersgenossen weiter. Eines davon ist, die Blütenkelche an der Mündung zu packen und dann auf den Handrücken oder auf die Stirn zu klatschen, dass es beim Zerplatzen einen Knall gibt. So wurde das Leimkraut für Kinder zu Knallerbse, Knackkraut, Klatschnelke, Klatschblume, Klitschkraut, Kläpfer, Puffer, Platzkraut, Schnalzer, Schnapper, Tätscherli, Schafpeitsche und dergleichen.

# Kirkes Zauberpflanze

## MITTLERES HEXENKRAUT

*Circaea x intermedia*

*Als ich die rothaarige Kräuterfrau fragte, „Hexenkraut nennt*
*man's. Warum?“,*
*lächelte sie trocken und sagte: „Genau, das verstehst du nicht!*
*Bist ein Mann, bist wirklich dumm.“*
*Freundlich bat ich darum, „Klär mich auf!“*
*Ihr Auge blitzte, sie sprach raunend.*
*Mein Atem stockte, ich stand staunend.*
*Vor meiner Seele galoppierten bunte Bilder,*
*wie eine Herde Pferde, wilder, im schnellen Lauf.*
*Von Kräutertrunk, Spruch und Seid, säuselte die junge Hex,*
*von Liebesleid und Lust und Sex.*
*Ich glaubte nun, dass ich's verstand,*
*da bewegte sie ihre Hand,*
*und wischte, – wie der Schwamm den unerwünschten Fleck –*
*die Erinnerung daran aus dem Gedächtnis weg.*
*Sie lächelte neckisch. Da half kein Brüten.*
*Zauberfrauen wissen Geheimnisse zu hüten!*

Abgelichtet ist hier das Mittlere Hexenkraut, eine unfruchtbare Kreuzung zwischen dem Großen Hexenkraut *(C. lutetiana)* und dem Alpenhexenkraut *(C. alpina)*, aber für das einfache Landvolk und die Hexen besteht da kein großer Unterschied. Das hübsche weiß-rötlich blühende Nachtkerzengewächs erregt heutzutage immer großes Interesse bei Kräuterwanderungen. Kaum aber jemand weiß wirklich, warum es Hexenkraut oder Zauberkraut heißt. Es hat ja überhaupt keine psychedelische Wirkung, wie andere moderne „Hexenkräuter“.

Dennoch sollte es einen guten Grund geben, dass es auch in anderen Sprachen ähnlich benannt wird: Englisch *enchanter's nightshade* (Zauberers Nachtschatten); französisch *Herbe aux sorciers* (Kraut der Hexer); italienisch *erba de' maghi* (Kraut der Magier); slawisch „Zauberkraut“, „Teufelskraut“; finnisch „Hexenblatt“; und in Thüringen „Elfenblume“. Neuzeitliche Neoschamaninnen tun so, als hätten sie Zugang zu alten Überlieferungen bezüglich dieser Pflanze. Sie behaupten, es sei tatsächlich eine Zauberpflanze der griechischen Hexe und Giftmischerin Kirke (lateinisch *Circe*) gewesen. Diese hatte ja bekanntlich die Männer des Odysseus in Schweine – Sinnbild der tierischen Triebe – verwandelt. Aber Odysseus, der „Listenreiche“, hatte das Kraut *Moly* bei sich, das ihn vor der Bezirzung schützte. Trotzdem hielt sie den Seefahrer mit ihrer sinnlichen Liebe gefangen, half ihm dann aber doch, den Weg zum heimatlichen Herd und zum Weib wiederzufinden.

Noch heute, beteuern unsere Hexen, kann man mit der Pflanze Männerseelen binden und wieder lösen. Die kleinen Klettenfrüchte, die sich an vorbeistreifende Waldtiere heften, seien Signatur: Wie die borstigen Samen, so bleiben Zaubersprüche an dem Verzauberten hängen.

Auch wenn das überzeugend klingt, so ist dennoch volkskundlich recht wenig über die Anwendung der Pflanze als Zauber- oder auch Heilmittel überliefert. Lediglich in Schlesien soll es gelegentlich zum Schutz gegen Verhexung des Viehs in den Stall gehängt worden sein, aber das war kein gängiges Brauchtum. Vielleicht gilt es als magisches Kraut, weil es, wie kaum eine andere Pflanze, im Dämmerlicht, von Sonnenstrahlen kaum berührt, tief im Wald zu wachsen und zu blühen vermag. Vielleicht aber auch aus dem Grund, weil es Knöllchen aus den Ausläufern treibt, die unter der Erde bleich bis gelbgrün sind, aber im Tageslicht sich blutrot färben.

Es waren französische Botaniker des 16. Jahrhunderts, die dieses scheue Waldkraut als die von antiken Schriftstellern erwähnte Zauberpflanze der Hexe Kirke identifizierten. Linnaeus hat den Namen *Circaea* übernommen. Ältere Namen des Hexenkrauts sind Sankt Stephanskraut, Stefanswurz oder auch Rochuskraut. Stephan war zuständig für „Steinleiden“, da er gesteinigt wurde, wurde aber auch während der Pest angerufen. Sankt Rochus ist der Pestheilige an sich. Auch bei den Indianern spielt das Hexenkraut kaum eine Rolle in der Medizin, lediglich die Irokesen benutzten den Tee dieser „Little Water Medicine“ zum Waschen von Wunden.

# Augensüß, Augenklar, Augentrost …

## WIESEN-AUGENTROST
*Euphrasia rostkoviana*

*Ein lustiges Blümlein bist du, ein Gauch,*
*mit buntem Gesicht und offener Gusche.*
*Bei dir im Gras ist gut Liegen und Träumen.*
*Aber etwas faul bist du auch, hast wenig Willen,*
*deine Sonnenzuckersucht mit eigenem Blattgrün zu stillen.*
*Gräserwurzeln zapfst du an, stiehlst ihren süßen Saft,*
*du Wiesenwolf, Weidedieb,*
*du Hungerblümli, Heuschelm, Nichtsnützle, bist den Bauern gar nicht lieb.*
*Aber Verliebte mögen dich, auch manch Computernarr, Kiffer und Scholar,*
*denn du machst die Augen klar, die juckenden, schmerzenden,*
*die von bitteren Tränen erröteten, die trüben,*
*die rosaroten Kaninchenaugen und die müden.*

In früheren Zeiten redeten die Menschen weniger. Gesten und Zeichen ersetzten die Wortflut, der wir heute ausgesetzt sind. Wollte man zeigen, dass man Wohlgefallen an seinem Liebsten hat, ihn als Augenweide betrachtet und keinen anderen sucht, dann steckte man sich ein Zweiglein Augentrost an den Hut. Andererseits, wenn ein Mädchen einen unliebsamen Freier loswerden wollte, dann brauchte sie sich nicht in endlosen, zermürbenden Gesprächen verwickeln oder gar zur psychologischen Beratung gehen. Sie gab ihm lediglich einen Korb, genannt Schabab, mit verschiedenen Blumen.

Diese Blumen besagten alles: Immer dabei war der Augentrost, der ein weinendes Auge symbolisierte, als Milchdieb galt, in Tirol als „Greggelen“ (Gregge = etwas Kleines, Verkrüppeltes) und in der Schweiz als *Gibnisnid* (= Gib nichts) beschimpft wurde. Zum Schabab gehörte auch die Kornrade, deren Samen das Brot bitter macht; die Jungfer-im-Grünen – „sie kann nur von starken Insekten besucht werden, nicht von schwachen Ameisen“; die Schafgarbe, die als Jungfernkraut gilt; die Wegwarte, die ein verlassenes Mädchen symbolisiert, das weinend am Wegrand steht; das Greis- oder Kreuzkraut, das etwas mit vorzeitigem Altern zu tun hat. Da wusste der Bursche wie es um ihn bestellt war: „Gut Gesell, du musst wandern. Das Mägdlein liebt einen andern, welches ich geliebet hab, bei der bin ich Schabab!“ (aus einem Kölner Lied, 16. Jahrhundert) Was bedeutet nun Schabab? Ein arabisches Wort? Nein, es besagt, das Mädchen schabt den lästigen Burschen ab, oder er soll sich einen „abschaben“ gehen.

Vor allem als Augenheilmittel hat man den Augentrost verehrt, das verraten die vielen Benennungen: Augensüß, Augenklar, irisch *rinn rosk* (scharfes Auge), englisch *eye bright* (leuchtendes Auge), französisch *casse lunette* (zerbrochene Brille) und in vielen slawischen Sprachen ist es das Kraut der Heiligen Luzia, der Augenheiligen. Eine mittelalterliche Sage erzählt, dass der Erzengel Michael die Augen von Adam und Eva mit Augentrost-Tee gespült hatte, damit sie nun ihre neue irdische Umwelt gut erkennen würden. Die schottischen Highlanders brühten das Augenkraut in Milch auf und strichen es auf erkrankte Augen mit einer Adlerfeder, damit sie wieder so scharf werden, wie die des hochfliegenden Sonnenvogels.

Der Reformator und Humanist Melanchthon litt an üblen Triefaugen, die kein Arzt heilen konnte. Es war die Berufskrankheit der Gelehrten, die bei flackerndem, qualmendem Fackellicht ihre Bücher lesen mussten. Eines Tages erschien ihm ein Engel im Traum, der die standesgemäße Gestalt eines Arztes annahm und sich Dr. Philo (= Liebe) nannte. Er rief dem Leidenden zu: „Euphrasia“. Der Gelehrte verstand sofort, denn das griechische Wort bedeutet nicht nur Wohlbefinden oder Frohsinn, sondern ist auch der Name der kleinen Wiesenblume. Er machte sich einen Tee als Augenbad und wurde, wie er berichtet, nach zwei Tagen geheilt.

Es genügt, den Tee für das Augenbad schwach zu dosieren (1/3 Teelöffel). Stärker dosiert hilft der Tee bei Schleimhautentzündung des Magens, Husten, Grippe, Heuschnupfen, Nasenverschleimung und Nebenhöhlenentzündung. Er wirkt schleimhautabschwellend und, nach neuesten Forschungsergebnissen, hemmt er die Viren.

# Zart und edel, für Seele und Herz

## SUMPFHERZBLATT
*Parnassia palustris*

*Das weiße Herzblümchen bin ich, die Freude der Asen.*
*Blühendes Sternchen auf bunten Götterwiesen,*
*zur Wonne tanzender Musen ward ich erkiesen.*
*Bin Musik aus der Leier des Apoll, bin Licht auf dem Rasen.*
*Nur der Stumpfe, der Gemeine*
*verachtet das vermeintlich Kleine.*
*Du, stolzer Mensch, komm beug' dich herab zu mir,*
*und ein Geheimnis werd' ich offenbaren dir:*
*In einem Funken, im Samen, in des Herzblatts Schrein*
*hüllen sich Gott und das ganze Universum ein.*

Als Herzblatt bezeichnet man das Zarteste, Innerste und Lebendigste in der Pflanze. Es ist genau der Quellpunkt, die Schwelle, wo Geistig-Ätherisches stoffliche Gestalt annimmt. Herzblatt nennt man aber auch, was dem Menschen das Edelste, Teuerste und Liebste im Leben ist. Etwa die oder den Allerliebsten unter allen Freundinnen und Freunden. Als die Muse ihn wieder einmal küsste, dichtete Friedrich Rückert:

*„Die soll nicht meine Freundin sein,*
*die nicht die Blumen liebt,*
*nicht blumengleich dem Himmelsschein,*
*ihr Herzblatt offen gibt."*

Das kleine Blümchen aus der mit den Steinbrechgewächsen verwandten Familie der *Parnassiaceae* ist so zierlich und wunderschön, dass kein anderer Name so gut passen würde wie Herzblatt. Auf den moorigen, sumpfigen Gebirgswiesen, zwischen den kurzen Sauergräsern, leuchten die porzellanweißen Sumpfherzblattblüten, wie Sterne am klaren Himmel. Die Pflanze ist zwar zwergenhaft – sie wächst nur eine Spanne (etwa 25 Zentimeter) hoch –, aber die Bilder, die sie in der Seele des Betrachters auslösen kann, sind alles andere als klein. Dioskorides erwähnt ein *gramen Parnassi*, ein „Gras oder Kraut, mit weißen Blüten und efeuartigen Blättern, das auf dem Parnass wächst". Sicherlich war das nicht unser Herzblatt, aber der Name *Parnassia* wurde beibehalten. Er bezieht sich auf den Parnass, den zweithöchsten Berg Griechenlands, der Wohnstätte Apolls. Hier spielt der von weißen Schwänen begleitete Sonnengott seine Leier (Lyra). Hier tötete er den Drachen Python und wacht nun, von diesen Höhen aus, über das Orakel von Delphi. Auf den lichten Blumenwiesen des Berges tanzen die Musen, die Göttinnen der Inspiration, ihre harmonischen Reigen. Hier fand der griechische Noah Deukalion wieder festen Boden nach der großen Sintflut.

Die Herzblattblüte entwächst einer Rosette herzförmiger Blätter. An den glatten Stängel klammert sich ein einziges herzförmiges Blatt. Die Blüte, die sich im Herbst öffnet, ist ein botanisches Wunder. Fünf Staubblätter umgeben den Fruchtknoten. Daneben findet man – wir sehen es deutlich in diesem Bild – einen Kreis stark verwandelter steriler Staubblätter, die so aussehen, als scheiden sie honigfarbene Nektartröpfchen aus. Damit werden die Fliegen getäuscht. Auch wenn sie mit ihrem Nektar geizt, so schenkt die Blüte an kalten Tagen frierenden Insekten dennoch etwas Wärme. Von den echten Staubblättern reift jeden Tag eines heran, biegt sich nach innen und oben, wo die Fliegen unfreiwillig den Blütenstaub aufnehmen, dann biegt es sich nach außen und wirft den Staubbeutel ab. Genau fünf Tage nachdem die Staubblüten verblüht sind, öffnet sich die Narbe in der Blütenmitte.

Das Sumpfherzblatt wächst in der kühleren nördlichen Hälfte der Erde. Wegen Düngung und anderer landwirtschaftlicher Praktiken ist die Pflanze stark gefährdet. Einst wurde sie in der Volksmedizin, als „weißes Leberblümchen", als Lebermittel verwendet. Sie war sogar – wohl wegen der Signatur der herzförmigen Blätter – ein Apothekermittel gegen Herzklopfen. Die Cheyenne bereiten für Kleinkinder, die dumpf oder lustlos sind oder Bauchschmerzen haben, einen Tee aus den pulverisierten Blättern. Auch unsere Volksmedizin kannte das in Bier gekochte Kraut als Mittel gegen Magenbeschwerden.

# Ein Bär unter den Pflanzen

## WIESENBÄRENKLAU
### *Heracleum sphondylium*

*Wiesenbärenklau, haarig wie der Esau,*
*ein grüner Riese auf der Wiese,*
*ein regelrechter Bär;*
*stark und potent, führt er sein Regiment,*
*über Kräuter und dem Grase,*
*wie Donar, der mächtige Ase,*
*über das himmlische Geschlecht.*

Der Wiesenbärenklau ist die größte unserer einheimischen Wiesenpflanzen. Der bis zu 1,50 Meter hoch wachsende, alle anderen Gräser und Kräuter überragende Doldenblütler gedeiht besonders gut auf gedüngten oder überdüngten Wiesen. Die Pflanze, die mit ihren vielen abweichenden Formen die Botaniker narrt, ist durch behaarte, lappige, fiederschnittige Blätter, aufgeblasene Blattscheiden und gerillte Stängel gekennzeichnet. Die großen, flachen, weißen, rosa angehauchten, leicht nach Harn riechenden Schirmblüten sind ein regelrechtes Schlaraffenland für Kerbtierchen. Wie auf offenen Tellern präsentieren die Blüten reichlich ihren süßen Labtrunk. Auch kurzrüsselige Fliegen und Käfer kommen nicht zu kurz; hier können sie sich an süßem Nektar berauschen und einander freudig begatten. Aber auch Raubinsekten wie der gelbrote Weichkäfer lauern hier der summenden, sich tummelnden, frivolen Gesellschaft auf, und holen sich ihre Beute.

Vom frühen Sommer an bis in den Herbst erstreckt sich das fleißige Blühen, es sei denn, der Bauer mäht die Wiese für Heu. Aber das scheint dem vitalen Kraut wenig auszumachen. Aus dem dicken Wurzelstock treibt es sofort neue Stängel und Blätter und fängt bald wieder zu blühen an. Sogar den zweiten Schnitt – die sogenannte Emd oder Grummet – überlebt der Bärenklau problemlos und treibt erneut aus. Emdkerbel, Emdstengel oder Emdblüte nennen die Bauern diese Triebe, oder einfach Übrig, Übrech oder Iberi. Vielleicht ist es nicht allein die Größe der Pflanze oder ihre medizinische Wirkung, sondern diese bemerkenswerte Auferstehungskraft, welche antike Naturforscher wie Dioskorides und Plinius veranlasste, sie als *pánakes Herakleion* oder *Heraclea herba*, als „Heilkraut des Herkules“ zu bezeichnen. Herakles oder Herkules ist der in Löwenfell gekleidete, muskulöse Held mit der Keule, der oft gefällt wurde und immer wieder aufzustehen vermochte. Aber wer weiß? Einige Gelehrte bezweifeln, dass das Herkuleskraut der Antike wirklich unser Wiesenbärenklau war.

Wenn die Blüten bestäubt sind, dann entwickeln sich breitgeflügelte Teilfrüchte, die, wenn zerrieben, unangenehm stechend riechen. Sie wurden im Volksmund wegen ihrer Form Geld, Kreuzerle oder Batzen genannt.

Der Wiesenbärenklau ist ein pflanzlicher Bär – so jedenfalls sahen ihn die Eingeborenen des nördlichen Europas. Er überragt alle anderen Wiesenkräuter, ist mit einem Haarpelz versehen und, wie Meister Petz, ist sein Geruch nicht der angenehmste. Folgerichtig benannte man das beeindruckende Wiesengewächs auch Bärentappe oder Bärentatze; sein alter lateinischer Name war *branca ursina*, was ebenfalls Bärenpranke bedeutet, und die englische Bezeichnung – neben *hog weed* (Schweinekraut) – ist *bear's breech*, „Bärenhose“. Die Germanen weihten das Kraut dem Donar, dem Asbjörn (Götterbären), dem mächtigen Freund der Bauern, der ebenfalls stark behaart und voller Manneskraft ist.

Bei den Kelten, Germanen und Slawen, wie bei den nordamerikanischen Indianern, sah man den Bären als Häuptling oder König aller Tiere. Hier wie da galten Bären als besonders heilkundig, vital und potent. Und eben diese Eigenschaften erwartete man auch von den sogenannten Bärenpflanzen, wie etwa dem Bärlauch, dem Bärlapp, der Klette *(Arcticum)*, der Bärwurz *(Meum athamanticum)* und dem hier abgebildeten Bärenklau. Der mächtige Doldenblütler enttäuschte nicht. Kundige Kräuterfrauen kochten aus seinen Wurzeln, Samen oder aus der ganzen Pflanze Lenz- und Liebesmittel oder brauten aphrodisierende Biere. Solche Biere werden noch immer in baltischen und slawischen Ländern gebraut. Bekannt ist ein berauschende Gesöff, ein Arme-Leute-Bier, hergestellt aus den gekochten Blättern und Stängeln des Bärenklaus. Der Sud wird mit Sauerteig oder Hefe versetzt und, manchmal unter Beimischung von Rauschbeere *(Vaccinium uliginosum)*, vergoren. Heraus kommt ein wahrhaft potenter Trunk, nichts für zarte Gemüter.

Der berühmte französische Heiler Maurice Mességué preist den Bärenklau als das „Beste aller Aphrodisiaka". Mességué, der einer langen Reihe Kräuterkundiger entstammt, die sich bis in gallisch-keltische Zeiten zurückverfolgen lässt, hat das Rezept von seinem Vater geerbt. Bei Frigidität und Impotenz soll der Saft aus der ganzen Pflanze, ein Teelöffelvoll täglich eingenommen, helfen. Auch sollen Fuß- und Handbäder, zweimal täglich, mit den frisch geschnittenen, aufgebrühten Blättern und Wurzeln die Unerregbarkeit der Frau beheben.

Bei diesen Rezepten erheben manche Experten heutzutage warnend den Zeigefinger. Die Pflanze sei giftig, sie enthalte Furocumarine, welche die Haut verätzen können, wenn man sie im Sonnenschein pflücke. Auch könne sie, wenn man in kurzen Hosen durch die Wiese streift, „Wiesendermatitis" auslösen. Das mag bei etlichen unserer verzärtelten, überzivilisierten Zeitgenossen zutreffen, aber so gefährlich ist die Pflanze nicht. Sie wird leider zu oft mit einem aus dem Kaukasus zugewanderten Neophyten, dem Riesenbärenklau *(Heracleum mantegazzianum)*, der sogenannten Herkulesstaude, verwechselt. Diese ist tatsächlich gefährlich, wenn man bei Sonnenschein ihren Saft auf die Haut bekommt. Sie ist dermaßen phototoxisch, dass die Begegnung bei manchen Menschen richtige Brandwunden hinterlässt. Unser einheimischer Wiesenbärenklau ist dagegen weit harmloser. Sonst würde ja niemand auf die Idee kommen, aus den jungen Trieben Wildgemüse zu kochen oder, wie in Sibirien, sie gar roh zu essen. Die Russen füllen Piroggen (Teigtaschen) mit den jungen zarten Blättern und Trieben, kochen sie mit im *Borschtsch* oder salzen und säuern sie ein wie Sauerkraut. Das Wort Borschtsch (polnisch *Barszcz*) bedeutete ursprünglich wahrscheinlich Bärenklau, der schon im Mittelalter fester Bestandteil der Suppe war. Eine echte Delikatesse ist das aus den ganz jungen Blütenknospen bereitete „Brokkoli".

Die Volksmedizin verwendet die gekochte Wurzel zum Aufweichen von Geschwüren oder legt sie auf die Leber bei Leberschwellung. Ein Wurzelabsud wird schluckweise bei „Verdauungsstörungen" getrunken. Ein Kärntner erzählte mir von einer alten Kräuterfrau – „sie hatte einen Händedruck wie ein Bär!" –, die ein Bärenklauwurzelpulver zur Stärkung und Rekonvaleszenz herstellt; dieses Pulver sei ein „europäischer Ginseng". In Skandinavien wird die gepulverte Wurzel bei Epilepsie und Hysterie gegeben. Wer weiß, wie alt diese Rezepte sind. Wahrscheinlich haben die Pfahlbauern die Pflanze schon in der jüngeren Steinzeit verwendet, denn es wurden in den Ausgrabungen viele Bärenklau-Samen gefunden.

Auch die Indianer Nordamerikas kennen den Wiesenbärenklau als Gemüse wie auch als Heilmittel. Die Eingeborenen der Nordwestküste kochen das leicht nach Möhre schmeckende Kraut mit Fleisch. Die jungen Stängel, in Robbenöl getaucht, sind eine Lieblingsspeise. Die heiß gemachten Blätter werden bei fast allen Stämmen bei Verletzungen oder Hauterkrankungen aufgelegt. Mit heißen Umschlägen aus der Wurzel lindern die Indianer Rheumaschmerzen. Die Meskwaki verwenden die Samen bei Kopfschmerzen und Magenkrämpfen.

Aber nicht nur als Nahrungs- oder Heilmittel wurde der Bärenklau verwendet, sondern auch als magische Kraftpflanze. Die Ojibwa und andere Völker des Oberen Sees räucherten mit den Samen und getrockneten Wurzeln gegen einen bösen Geist, der das Jagdglück vermiesen will. Der Rauch vernebelt dem Dämon die Augen, so dass er den Jägern nicht mehr folgen kann. Und die Cheyenne schnitzen Pfeifen aus den Stängeln. Wenn sie darauf blasen, hilft es ihnen in Liebesangelegenheiten. Auch ohne dass man sie einnehmen muss, hilft die Pflanze des Götterbären also, Liebeswünsche zu erfüllen.

# Saturnisch blau und weit entfernt

## SCHWALBENWURZ-ENZIAN

*Gentiana asclepiadea*

*Am Rande der Zeit, in der stillen Innenschau,*
*am Himmelstor, da findet man ein tiefes Blau*
*mit einem königlich purpurnen Hauch.*
*Verborgen im Bergwald findet man's auch,*
*dort, wo eher Hirsche als Menschen gehen,*
*wo Gämsen springen und alte Fichten stehen.*
*Sag' Enzian, für wen erblühst du mit solcher Pracht?*
*Für wen hat dich die Erdenmutter gedacht?*
*Ist dein Honig da für die Hummeln allein?*
*Bist Glockenspiel fürs lustige Waldmännlein?*
*Oder könntest du ein Gruß der Ewigkeit sein?*

Der stattliche Schwalbenwurz-Enzian gilt als selten und gefährdet, und nicht jeder bekommt ihn zu Gesicht. Ich weiß aber, wo dieser Enzian wächst. An einem sumpfigen, moosverwachsenen Hang unterhalb der Sennalp. Die Pflanzen blühen im Spätherbst, wenn die jungen Rinder – die *Schumpe*, wie man in der Mundart sagt – schon längst wieder bei ihren Bauern unten im Tal, im Stall sind. Wenn sie blühen, dann steht der Bergwinter, der „weiße Riese" vor der Tür. Hirschbrunftenzian ist ein alter Name für die Pflanze, denn ihre Blüte fällt in die Zeit, wenn Hirsche röhren.

Manchmal fällt weißer Schnee auf ihre blaue Blüte. Wenn es so kalt ist, dass die Hummeln keine Liebesdienste mehr verrichten können, dann bestäuben sich die Pflanzen selbst. Die blaue Blume ist sicherlich einer der Schlüssel an Freyas Schlüsselbund, mit der sie die Tür für den Winterriesen aufschließt.

Die stattliche, rund einen halben bis einen Meter hohe, ausdauernde Pflanze ist so schön, sie verschlägt einem den Atem. Jedes Jahr gehe ich zu ihr hin, um sie zu bewundern. Es ist ein alljährliches Ritual, praktisch eine Wallfahrt. Übrigens bin ich überzeugt, dass das Bewundern und Bestaunen für die Pflanzen*devas* wie Balsam ist. Das Pflanzenwesen wird dadurch in seinem Dasein auf der Erde bestätigt und gestärkt. So ist es mit allen Geschöpfen. Jenes, das angeschaut, bewundert, geliebt wird, tritt stärker in Erscheinung; dasjenige aber, das missachtet, übersehen und ungeliebt bleibt, kümmert und schwindet. Hinausgehen in die Natur und deren göttliche Schönheit bewundern, ist also der beste Naturschutz, den es gibt.

Goethe nannte die Enziane ein „artiges und ruhmreiches Geschlecht". In dem Blau des Enzians erkannten Dichter das auf Erden herabgekommene Himmelsblau wieder, den alles umhüllenden, sternengeschmückten Mantel der Göttin, der kosmischen Jungfrau Maria oder des Weltenmagiers Odin. Beim Schwalbenwurz-Enzian ist es das besonders tiefdunkle Blau, das uns im Innersten berührt und zur Andacht führt. Es ist die Farbe der Treue, der Beständigkeit. Es ist das saturnische Blau eines klaren Berghimmels in der herbstlichen Abenddämmerung. Saturn ist der entfernteste sichtbare Planet; zu seiner „Sphäre" gehört das blaue Himmelszelt, am Rande der Erscheinungswelt. „Saturnisch" ist auch, was für die Seele unerreichbar weit entfernt, bitter und bleischwer ist, und uns in Trübsinn und Melancholie stürzt.

Gegen solche Zustände helfen – Gleiches gegen Gleiches – die bitteren Wurzeln der Enziangewächse, einst auch die des Schwalbenwurz-Enzians: Seit der Antike gelten sie als Gegengifte, welche die giftigen „Humore" (Säfte) wie Eiter oder schwarze Galle zum Abfließen bringen können. Man glaubte, dass der milchige, mondhafte Eiter gegen den kalten, trockenen Saturn der Pflanze keine Chance habe. Auch für faulen Liebeszauber ist Enzian ein Gegengift. Die verschwommene, lunatische Verträumtheit eines derart Verzauberten erfährt durch dieses Mittel eine bittere aber notwendige Ernüchterung.

Ebenso hilft Enzian die schwarze Galle *(Melancholia)*, die von den Gedärmen in Kopf und Herz steigt und einem die Lebensfreude vergiftet, auszuleiten. Aber dazu braucht man weniger den magenstärkenden, aus dem Gelben Enzian gewonnenen Enzian-Schnaps, sondern es genügt schon, den Schwalbenwurz-Enzian liebevoll betrachtend in die Seele aufzunehmen.

# Inspirationen einer verführerischen Frau

## TOLLKIRSCHE
### *Atropa belladonna*

Indem die Sonne in die tieferen Tierkreisregionen hinabsinkt, werden die Nächte länger und kälter, den Pflanzen fehlt es immer mehr an der ätherischen Kraft, die dem Tagesgestirn entströmt. Die grüne Pracht kümmert, welkt, vergilbt, fällt Mehltau und Insektenfraß zum Opfer und rettet sich, indem sie versamt, sich in Knospen hüllt oder in die Erde zurückzieht. Auch die hier abgebildete Tollkirsche, deren schwarzpurpurne Früchte wie dunkle Augen aussehen, macht schon einen angeschlagenen Eindruck. Für Amseln und Drosseln ist die Beere noch immer ein Leckerbissen, für Menschen dagegen hochgiftig. Zehn bis 20 der Beeren bedeuten eine Fahrkarte ohne Rückfahrt in die jenseitige Welt. Das heimtückische, verführerische an den Beeren ist, dass sie süß wie Kirschen schmecken. Die meisten Giftpflanzen warnen den neugierigen Menschen mit abstoßendem Geruch oder unangenehmem Geschmack. Nicht aber dieses Nachtschattengewächs.

Viele Geschichten und Sagen ranken sich um die Tollkirsche. Wer weiß etwa nicht, dass die Beeren einst mit in die Salben gerührt wurden, die es Hexen und Zauberern erlaubten, auf Besen, Heugabeln, Backofenschaufeln oder in Wannen in die „andere Welt" zu fliegen, wo festliche Gelage mit dem gehörnten, schwarzen Gott, Reigentänze und ausschweifende Sexualität auf sie warteten. Sie ist tatsächlich eine der ältesten Schamanenpflanzen in unserem Kulturkreis. Das deuten schon die vielen volkstümlichen Namen an: Hexenbeere, Teufelsbeere, *Wut*kirsche oder *Wut*beere. Wut bedeutet heutzutage vor allem heftiger Zorn. Aber im altgermanischen bedeutete **woda* (althochdeutsch *wuot*) „besessen, erregt, inspiriert" – ein Zustand der durch den Schamanengott Wotan, den „Wütenden", den Inspirierten, hervorgerufen wird. Zauberern, die sich im Umgang mit der „Galbeere" (althochdeutsch *galster* = zaubern, Zaubergesang) auskennen, erscheint oft ein Wolf, Wotans Tier, der sie in die astrale Welt der Geister führt. Walkerbeere heißt sie auch, benannt nach den Walküren, den schönen Geisterfrauen, die die Toten zu Wotans Halle tragen.

Und da sind wir schon bei der Belladonna, der schönen Frau, die der Art ihren Namen verliehen hat. Die Damen in der Renaissance träufelten sich angeblich den verwässerten Saft in die Augen – das erweitert die Pupillen –, damit sie anmutiger erscheinen, als sie es wirklich sind. Neuheiden glauben, die Pflanze heißt so, weil es ein Hexenkraut ist und Hexen sind – in ihrer Sichtweise – eben schöne Frauen. Ich glaube aber, dass der Geist der Tollkirsche in der Vision häufig als eine wunderschöne, verführerische Frau, als Traumfrau, erscheinen kann. Wie der Gattungsname *Atropa* jedoch andeutet, ist sie tückisch, ja, tödlich. Die Atropa ist bekanntlich eine der drei Schicksalsgöttinnen (Parzen), die für jedes Wesen den Lebensfaden spinnen, messen und abschneiden. Atropa schneidet den Lebensfaden ab.

Die gefährliche Beere heißt Tollkirsche, weil sie „toll" macht. Die alte germanische Wurzel des Wortes ist **dwel* oder *dwalen*, „verwirrt sein", „verharren", „in Trance hängen bleiben". Jemand, der der Tollkirsche verfallen war oder sie öfters benutzte, war als *Dwaler* (englisch *Dweller*) bekannt. Ich habe persönlich einen solchen Dwaler kennengelernt, einen Althippie, der einmal im Herbst ein Dutzend solcher Beeren gegessen hatte und daraufhin zwei Tage und Nächte reglos im Wald lag, heftig halluzinierte und zugleich um jeden Atemzug zu kämpfen hatte. Er fand nie wieder Anschluss an das normale Leben.

Aber es gibt auch solche, die die alte Kunst des magischen Umgangs mit der Giftkirsche auch heute noch kennen. So lernte ich einen kühnen Wilderer kennen, der sich im Herbst seinen Hirsch oder Gams wildert. Dieser Wildschütz bereitet sich auf seine Streifzüge vor, indem er die Tollkirsche in allmählich ansteigender Dosierung zu sich nimmt. Das öffnet nicht nur die Pupillen weit, so dass er nachts wie eine Eule oder Katze sehen kann, sondern er wird auch hellsichtiger. Er weiß dann eher, wo sich das Wild aufhält, und noch wichtiger, wo sich Förster oder Jäger befinden.

# Heidnisches Wundkraut in feuchten Wäldern

## FUCHSGREISKRAUT, HAINKREUZKRAUT
*Senecio fuchsii, S. nemorensis*

Im Hochsommer, in den Hundstagen im August, gehe ich besonders gerne in den Wald. Unter den Fichten und Laubbäumen ist es nicht mehr kalt, sondern angenehm kühl. Bäume, Kräuter und der Boden würzen die Luft mit einem angenehmen moosigen Duft und immer wieder leuchten einem die graziösen, in lockeren Doldenrispen gefassten, goldgelben Blüten einer mannshohen, rötlichbraun-stängeligen Staude entgegen. Es ist das Fuchsgreiskraut. Der Name der Pflanze war für mich sofort einleuchtend, denn sie wächst, wo tatsächlich die Füchse umherstreunen. Zudem bringen die lanzettlichen Blätter mit gesägten Rändern die spitzen Zähne Reinekes in den Sinn. Später erfuhr ich, dass das Kraut gar nichts mit Füchsen zu tun hat, sondern nach dem Botaniker Leonhart Fuchs aus dem 16. Jahrhundert benannt wurde. Aber das ist mir egal, für mich ist es noch immer das Kraut der Füchse. Leonhart Fuchs selber, wie auch andere Pflanzenmeister der damaligen Zeit, nannte das stattliche Waldgreiskraut „Heydnisch Wundkraut“ oder auf Lateinisch *Solidago sarracenica* (= Goldrute der Sarazenen) oder auch *Virga aurea* („goldener Zweig“, Waldgoldrute).

Dass man es mit der Goldrute *(Solidago virgaurea)* verwechselte, erstaunt wenig. Beide Korbblütler sind Waldbewohner, öffnen ihre goldgelben Blüten im Hoch- und Spätsommer und sind, oberflächlich gesehen, einander ähnlich.

Mit der Bezeichnung „heidnisch“ wollte man sagen, dass man es mit einer äußerst wirksamen Heilpflanze zu tun hat, die schon die Heiden vor vielen Jahren benutzten. Heute würde man wahrscheinlich „indianisch“ sagen, um anzudeuten, dass die auf die Geheimnisse der Natur eingestimmten Medizinleute der Urvölker wirklich die stärksten Heilpflanzen kennen. Sarazenisch bezieht sich auf die Sarazenen, die muslimischen Gegner der Kreuzritter. Während der Kreuzzüge lernten europäische Ritter und Gelehrte die hochentwickelte und recht wirksame Heilkunde der Araber kennen. Was exotisch ist, lässt sich gut verkaufen. Clevere Apotheker bereiteten jede Menge teure sarazenische Elixiere (arabisch *al-iksir* = „Stein des Weisen“) und Präparate. So wurde diese alte einheimische Pflanze, die vor allem in den feuchten Wäldern Mitteleuropas, im Kaukasus und in Sibirien wächst, als *Herba consolida sarracenica* (als „das festmachende sarazenische Kraut“) angepriesen.

Aber zurück zu Meister Fuchs. Er schreibt in seinem „New Kreüterbuch“ (1543): „Heidnisch Wundkraut, wie der Name anzeigt, heilt allerlei Wunden und Geschwür. Grün zerstoßen und aufgelegt, macht es Fleisch und heilt es zusammen. Gedörrt und gepulvert auf frische und alte Wunden, auch auf Fisteln gestreut, reinigt sie und heilt sie schnell aus.“ Das Fuchskreuzkraut hatte damals einen großen Ruf, stark infizierte, entzündete Wunden heilen zu können. Heute, im Zeitalter von Antibiotika, ist es fast völlig vergessen. Eine weitere wichtige Anwendung fand das Kraut – innerlich als Tee oder Tinktur – als Blutstiller bei Gebärmutterblutungen (Wochenbett-, Abort-, Myom- oder klimakterische Blutungen). Die Wirkstoffe, Flavonglykoside und das Alkaloid Senecionin, haben eine kapillarverdichtende Wirkung. Diese Heilpflanze, auch Mägdeheil genannt, hat das Leben vieler Frauen gerettet.

Leider hat man in der Pflanze, im Nanobereich, das berüchtigte, leberschädigende Pyrrolizidin-Alkaloid gefunden. Die sogenannte Kommission-E, deren Aufgabe es ist zu entscheiden, welches Heilkraut das Volk verwenden darf, erteilte der Pflanze daraufhin eine Negativ-Monographie. Medizinprofessor Rudolf Fritz Weiß ist dennoch überzeugt, dass nichts gegen eine kurzfristige Anwendung der Pflanze spricht. In den Apotheken findet man das Heilkraut jedenfalls nicht mehr. Als blutzuckersenkender Diabetikertee hat es ebenfalls ausgedient.

Das Fuchsgreiskraut ist äußerst vielgestaltig, es gibt viele schwer trennbare Formen. Botaniker streiten, ob das nun verschiedene Rassen oder Unterarten sind oder nicht. Raupen, wie die vom Russischen Bär und dem Schönbär, beide herrlich bunte Falterarten, beteiligen sich nicht an den Spitzfindigkeiten. Sie fressen gierig an jedem Fuchskreuzkraut und kümmern sich nicht um Pyrrolizidine.

# Geschenk indischer Lebenskraft

## INDISCHES SPRINGKRAUT
*Impatiens glandulifera*

*Warst du es, schöne Blüte,*
*die Maharadschas und Fürsten träumen ließ*
*von malvenfarbigen Palästen und Sälen,*
*ja, von ganzen Städten in Pink, Mauve und Rosarot?*
*Deine Blüte gleicht einem Herzen,*
*das sich dem Licht des Morgens öffnet;*
*deine Farben sind die der zarten, jungen Liebe.*
*Wie ein Traumschiff pendelst du im Raum,*
*bist eine Wolke in der Morgendämmerung,*
*eine schwebende Gondel, das Gefährt*
*unserer jungfräulichen Lichtbringerin Uscha.*
*Wie der zierliche Schuh der leuchtenden Devi,*
*wenn sie leichtfüßig die Landschaft meiner Seele durchwandelt*
*und dabei die Nacht meines Kummers zur Illusion macht –*
*so erscheint mir deine Blüte.*
*Wie der leuchtende rosa Lotosthron der Padma,*
*der treuen Gefährtin Vishnus, des ewigen Weltenerhalters,*
*erscheinst du mir,*
*wenn ich mich in dich versenke, in deine Pracht.*
*Schönes Wesen, kein Wunder,*
*dass ein Kolonialherr dich begehrte,*
*so sehr, dass er dich mitnahm auf die kühle Nebelinsel,*
*um dem grauen britischen Herbst Farbe zu verleihen:*
*Farbe der Liebe.*

Die Blumen, Gräser und Bäume, die Vögel, Insekten und alle sonstigen Tiere, sogar die naturverbundenen eingeborenen Menschen sind der Traum, sind die sichtbar gewordene Melodie des Erdteils, den sie bevölkern. Sie spiegeln die Seele des Landes, den Geist der Landschaft. Ein dermaßen leuchtendes rotes, orangenes, gelbes und purpurrotes Blättermeer, wie es der herbstliche „Indian Summer" bietet, kann es nur im nordamerikanischen Waldland geben. Büffel, Koyoten und Gabelböcke, Präriegräser und Sonnenblumen sind der Traum der nordamerikanischen Prärie. Der australische Kontinent träumt von Eukalyptusarten und Myrthenheide *(Melaleuca)*, Beuteltieren und Waranen. Einmalig auch die schöne Landschaftsmelodie und das gold-grüne Leuchten Mitteleuropas, zu dessen Traum die meisten der in diesem Buch vorgestellten Pflanzen gehören. Einmalig die Farben, die Flora und Fauna der Mittelmeerregion. Jede Naturlandschaft ist ein Gesicht der Weltenseele, die man einst als die Große Göttin verehrte.

Wer sich in dieser Sichtweise übt, wird schon beim Anblick einer zugewanderten Pflanze, eines „Neophythen", erahnen können, wo ihre ursprüngliche Heimat sein mag. Hier wollen wir eine solche, bei uns inzwischen heimisch gewordene „Pflanze mit Migrationshintergrund" anschauen und bewundern. Es ist das Indische oder Drüsentragende Springkraut. Wer die Natur sowie die traditionelle Kultur des indischen Subkontinentes gut kennt, wird wissen: Diese Pflanze kann nur von dort stammen, sie kann nur dem „indischen Träumen" entsprungen sein. Form und Farbe erinnern an die zauberhaften Städte Rajastans, an die Paläste nordindischer Maharadjas, an die schwebenden Fahrzeuge hinduistisch-vedischer Götter. Ihr Zuhause sind tatsächlich die Hänge des westlichen Himalaja, die majestätischen Bergregionen des Kaschmir und Nepals.

Springkrautarten gibt es auf der ganzen Welt, 850 Arten sind es insgesamt. Einheimisch in Europa ist das hübsche gelbe Rührmichnichtan *(Impatiens noli-tangere)*, daneben gibt es das Kleinblütige Springkraut aus Sibirien und darüber hinaus noch etliche rote, weiße, rosa oder gelbe Gartenformen.

Ich kann mich gut erinnern, als das Indische Springkraut bei uns Anfang der 1990er-Jahre im Allgäu auftauchte. Eine Bäuerin entdeckte dieses ungewöhnliche „Fleißige Lieschen" am Bachufer beim Garten. Im nächsten Jahr waren schon viel mehr dieser Pflänzchen da. Sie machte sich die Mühe, die überschüssigen Keimlinge vorsichtig auszugraben und den Nachbarn zu schenken. Diese pflanzten sie in ihre Gärten. Es dauerte aber nicht lange, da überwucherte das saftige, einjährige Kraut ganze Bachtäler, Auwiesen und Waldränder mit einer Vitalität, die man bei unseren einheimischen Gewächsen vermisst. Vor der Sommersonnenwende machen die zarten Pflanzen zwar einen recht schwächlichen Eindruck. Man meint, die Brennnesseln und andere robuste Wildkräuter würden sie bald überwuchern.

Doch dann plötzlich, nach Johanni, schießen sie hoch und ringen sämtliche Konkurrenten nieder. Das Wachstum überstürzt sich: Gierig saugen sie das Bodenwasser auf, so dass es an den Knoten der rötlich-glasigen Stängel zu Schwellungen kommt und die überschüssige Flüssigkeit von den Sprossenden und Blatträndern tropft. Knickt ein Sturm die fast zwei Meter hohen Stängel oder trampelt ein Tier über sie hinweg, dann schießen sofort neue Wurzeln aus allen Knoten, die den Boden berühren. Ungestüm blüht das Springkraut bis in den Spätherbst hinein, wenn andere Blütenkräuter schon größtenteils vertrocknet oder längst versamt sind.

Für Bienen, Hummeln und andere Insekten ist das ein Segen, denn zu dieser Zeit sind auch alle Wiesen abgemäht oder abgegrast. Wer weiß, vielleicht hielten die armen, hungernden Tierchen einst eine Ratsversammlung, ein *Powwow*, und schickten ihre summenden Gebete zur gütigen Großmutter, der Frau Holle. Diese sandte daraufhin das Drüsentragende Springkraut, das bis zum Frosteinbruch blüht, damit ihre Insektenkinder nicht verhungern. Ohne zu zögern, voller Ungeduld (*impatiens* = ungeduldig) machte sich das Kraut mittels verschleuderter Samen auf den Weg. Der oberständige Fruchtknoten reift zu einer spindelförmigen Kapsel, die bei der leichtesten Berührung mit hörbarem Knacken aufplatzt und die reifen Samen bis zu sieben Meter von sich schleudert. Oft bedarf es nicht einmal einer Berührung, damit die Pflanze ihren Samenhagel entlässt. Auf diese Art und Weise hat sich das Springkraut seinen Weg durch diesen Kontinent frei geschossen. Das Foto zeigt eine gesprengte Kapsel mit noch einem der schwarzen Samen.

Mit typisch indischer Fruchtbarkeit bringt jede Pflanze zwischen 1600 und 4300 Samen hervor – emsige Botaniker haben sie gezählt. In Reinbeständen können sich so bis zu 32 000 Samen pro Quadratmeter bilden. Imker mag das freuen, und Bienen und Hummeln sowieso. Aber für viele Ökologen und Naturpuristen, für die jeder Wandel in der Natur als bedrohlich empfunden wird, ist es lediglich ein weiterer „aggressiver Neophyth“, der die einheimische Vegetation bedrängt und bedroht.

Aber vielleicht hat das alles auch seine positiven Seiten. Vielleicht braucht unsere schwächelnde Natur dieses vitale Gewächs. Vielleicht ist die Natur weiser als unser Verstand. Wem die Pflanze nicht passt, der kann die im September bis Oktober reifenden schwarzen Samen getrost essen. Sie schmecken überraschend gut, ähnlich wie Walnüsse. Wildpflanzenexperte Steffen Fleischhauer schlägt vor, die Samen in Würzpasten, für Aufläufe, Bratlinge und Gebäck zu verarbeiten oder zu Speiseöl zu pressen.

Wie es so oft bei Neophythen der Fall ist, wissen wir wenig über die Heilkraft oder medizinische Anwendung der Pflanze. In Nordindien wird das abgekochte blühende Kraut als abführendes, harntreibendes Purgiermittel eingenommen. Mit den zerquetschten frischen Blüten werden Pilzinfektionen auf der Haut behandelt. Wie ein lindernder Balsam wirkt das äußerlich angewendete, frisch zerstampfte Kraut bei wässrig aufgeschwollenen, juckenden Insekten- und Nesselstichen. Was sollte man anderes erwarten, es gehört ja schließlich zur Familie der Balsaminengewächse. *Impatiens*, das so ungeduldig wächst und seine Samen verschießt, ist eine Pflanze des Planetengottes Merkur.

Dr. Edward Bach spürte diese merkuriale Natur der Pflanze. Er stellte aus der Blüte des Springkrauts eine Essenz her, die Ungeduld, Gereiztheit und Voreile in positive merkuriale Eigenschaften umwandeln soll, so dass schnelles Handeln und Denken mit Geduld, Vergebung und Sanftmut einhergehen können.

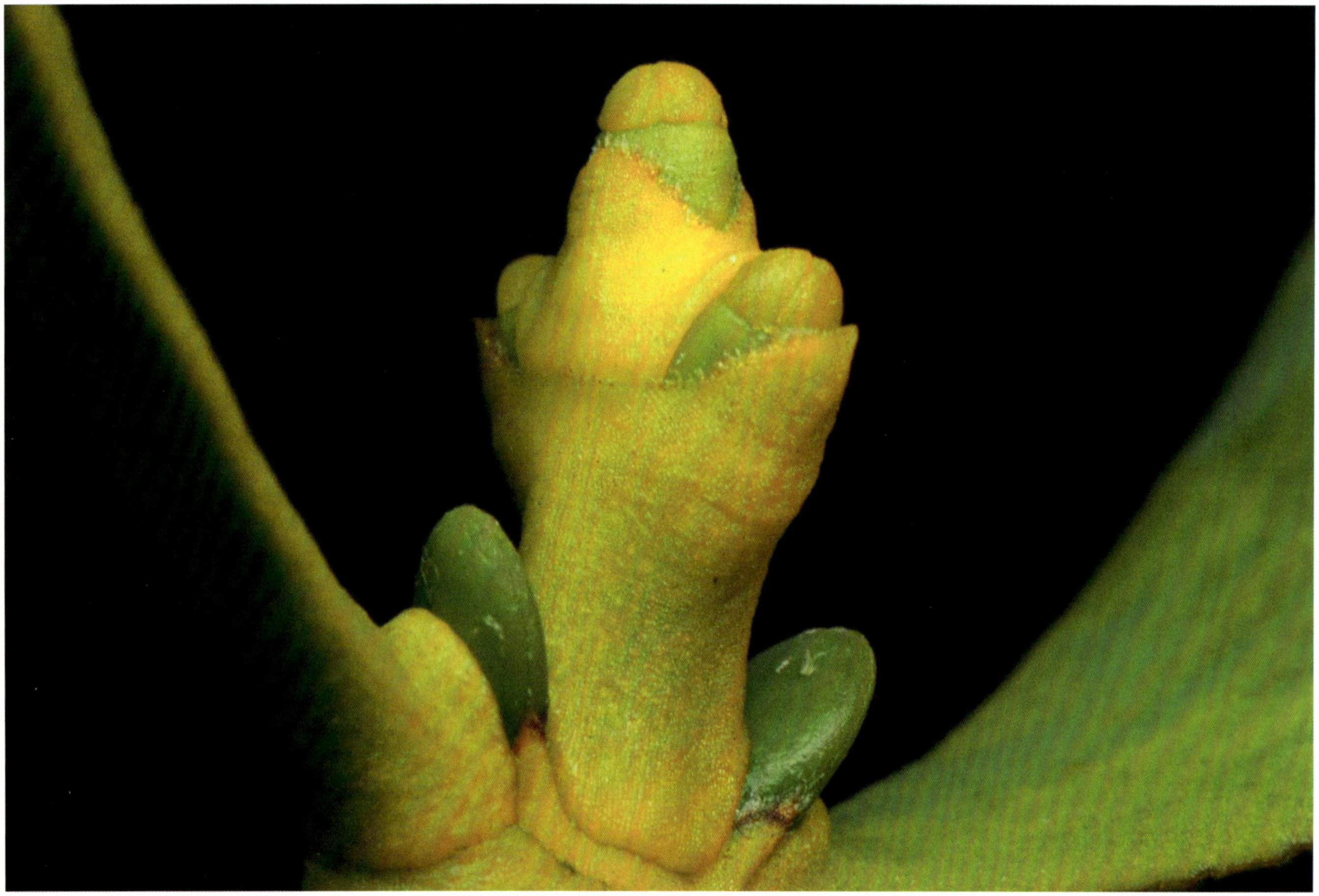

# Magisches Zwischenwesen der Fruchtbarkeit

## WEISSE MISTEL
*Viscum album*

*Die Winter werden länger und viel zu kalt,*
*in den Träumen erscheint manch' Schreckgestalt;*
*magere Ernte, bitter Brot,*
*Mensch und Vieh leiden Not,*
*wenig Fische im silbernen Meer,*
*der Fischer Netze bleiben leer;*
*Haselnüsse bleiben taub,*
*kurzer Sommer, wieder fällt's Laub;*
*hart trifft's Mann und Weib und Kind,*
*denn der König wird alt, lahm und blind.*
*Da beraten die Weisen im schattigen Hain,*
*unter der Eiche beim Druidenstein:*
*Es ist Zeit, der junge Königsohn*
*muss besteigen den hohen Thron!*
*Er soll im grünen, neuen Maien,*
*die hehre Landesgöttin freien.*
*Erleuchtet, unversehrt muss er sein,*
*stark sein Glied, stark sein Bein,*
*wie die Sonne, siegreich im Streit,*
*Garant des Landes Fruchtbarkeit.*
*Man stärke seine Herrscherkraft*
*mit Mistellaub und Mistelsaft.*
*Mit Zaubergesang und Zaubermacht,*
*wird Not wendender Wandel wohl vollbracht.*
*Weißgewandt, bärtig und mit wallendem Haar*
*zieht zum Eichbaum die Druidenschar.*
*Im verzückten Traumgesicht*
*erblicken sie im Morgenlicht,*
*den goldnen Zweig mit Beeren, schleimig, silbrig weiß:*
*des kosmischen Stiers befruchtender Schweiß,*
*den er schwitzt, wenn die Erdgöttin er bespringt,*
*mit Donnergebrüll schwängert und die Schöpfung verjüngt.*
*Erneut gebiert die Allmutter dann die Sonne,*
*das Leben ergrünt in frischer Wonne.*
*Zwischen Himmel und Erde, jenseits von Zeit und Raum,*
*hängen Mistelfrüchte, im Wipfel vom Weltenbaum.*
*Man muss sie im weißen Leintuch auffangen,*
*um des Stiers Zeugungskraft zu erlangen.*
*Am sechsten Tag des Mondes Lauf,*
*steigt ein Priester mit güldener Sichel hinauf,*
*um Donnotaurus, den Himmelsstier zu kastrieren,*
*derweil Druiden ein Blutopfer singend zelebrieren,*
*von zwei weißen, mit Blumen bekränzten Stieren,*
*junge Bullen, die ihr kurzes Leben lang*
*kannten weder Peitsche noch des Joches Zwang.*
*Die Göttin trinkt begierig den in die Erde sickernden roten Saft,*
*in des Jungkönigs Lenden strömt des Stieres Kraft.*
*Das Heil, die Zeugungsmacht hat er gewonnen:*
*Die Natur ist verjüngt, eine neue Zeit hat begonnen.*

Den Kelten war die Mistel heilig. Sie war für sie keine normale Pflanze, sondern ein „Zwischending", ein Weder-dies-noch-das – so wie etwa der Tau, das Wasser, das weder vom Himmel als Regen fällt noch aus der Erde quillt. Die Mistel ist weder Strauch noch Baum, sie wächst, losgelöst von der Schwere, kugelförmig, im hohen Geäst zwischen Himmel und Erde. Sie scheint sich nicht um die Jahreszeiten zu kümmern, wie die anderen Pflanzen: Selbst im Winter bleibt sie frühlingsgrün. Ihre einsamigen „Beeren" werden im Winter, im November oder Dezember reif. Sie kann sich nicht selber aussäen, sondern braucht dazu die Hilfe von Vögeln. Nur wenn die Beeren durch den Verdauungstrakt der Drosseln gehen, keimen sie auch gut.

Als „Zwischenwesen" spielte die Mistel seit der Megalithzeit bei den indigenen europäischen Völkern eine kultische Rolle. Sie ist die Pflanze des Übergangs. Ihr „goldener Zweig" ermöglicht Aeneas, die Schwelle zur Unterwelt zu überqueren. Sie begleitet die Sonnenwenden. Bekannt ist die Geschichte von Baldur, dem Sonnengott, der zur Mittsommerzeit durch einen Pfeil aus Mistelholz den Tod findet. Zur Wintersonnenwende dagegen, in der dunkelsten Nacht, wenn die Mistel noch grün im kahlen Geäst hängt, begleitet sie die Wiedergeburt des Sonnengottes aus dem Schoß der Erdmutter.

Auch beim Herrschaftswechsel, wenn ein alter König seinem Nachfolger den Thron übergibt, spielte die Mistel eine zentrale Rolle. Der archaische König war nicht nur ein Machthaber im heutigen Sinn. Er war zugleich göttlich, war der Gatte der Göttin des Landes und als solcher zuständig für die Gesundheit, die Fruchtbarkeit und das Gedeihen der Äcker, Wiesen und Tiere. Er war Wetterherr und Heiler. Aus diesem Grund musste er unversehrt und potent sein. Um das zu gewährleisten, veranstalteten die Priester (Druiden), als Teil der Thronbesteigung, ein aufwendiges Ritual zum Sammeln eines mit Beeren versehenen Mistelzweigs. Die Beeren, mit ihrem weißen, klebrigen, zähflüssigen Saft, galten als das vom Himmel herabgetropfte Sperma des kosmischen Stiers. Der Stier, der mit drei (magische Zahl!) Hörnern dargestellt wurde, war der Befruchter der Erdgöttin.

Um die königliche Zeugungs- und Begattungskraft zu garantieren, wurde das erwähnte, von dem Römer Plinius beschriebene Ritual vollzogen: Am sechsten Tag nach Neumond wurden zwei weiße, blumenbekränzte Stiere geopfert, die Mistel mit goldener Sichel geschnitten und auf einem Leintuch aufgefangen. Das war kein alltägliches Ritual, nichts für Dorfheiler und Kräuterweiber, obwohl auch sie mit dem „Allesheiler" heilten und zauberten. Die Imagination des zeugenden weißen Götterstiers ist wahrscheinlich uraltes neolithisches Erbe. Auch Dionysos und der einen Dreizack tragende indische Shiva haben den Stier als Begleiter.

Frank Brunkes Fotos zeigen eine an einem winzigen Schleimfaden hängende, gehäutete, schleimtriefende Mistelbeere, sowie eine Triebspitze, die den Dreizack der phallischen Gottheit oder den dreigehörnten keltischen Stier in den Sinn ruft. Der Volksmund kennt die perlenartigen, mit einem einzigen Samen versehenen Scheinbeeren als Schnuderbeeren (Schnuder = Nasenschleim), Schnuderkirschen, Schnuddel, Schnobbe, Krähenschnuder, Leimbeere, Vogelbeere und Vogelkleb. Einst wurde der klebrige Saft gekocht und eingedickt, um Leimruten zu bestreichen, mit denen man Vögel fing. Schon die Römer fingen mit diesem Vogelleim Singvögel, um sie dann zu verspeisen. Sie benutzten aber weniger den Saft der Weißen Mistel, sondern den der Eichenmistel oder Riemenblume *(Loranthus europaeus)*, die im Mittelmeerraum wächst und dort Eichen und Edelkastanien befällt.

Als „Zwischending" – zwischen dem Diesseits und der Anderswelt – war die Mistel eine Brücke zwischen den Lebenden und den Verstorbenen. Nach archaischer Vorstellung sind es die Geister der Verstorbenen, ja die Ahnen selber, die sich wiederverkörpern wollen und die Frauen mit der Leibesfrucht segnen. Die Jenseitigen benutzen die Mistel also als Brücke zur Welt der Lebendigen. In der Weihezeit, der Wintersonnenwende, wenn die Verstorbenen besonders nahe sind, wurde ein Mistelzweig über die Türschwelle gehängt. Jeder Mann und jede Frau, die sich einander unter dem Mistelzweig begegneten, befanden sich jenseits des alltäglichen Sittenkodex und durften einander küssen und kosen, und gegebenenfalls den wiederkehrenden Ahnen als Enkel zeugen. Aber ebenso, wie sie das Leben bringen kann, kann die Mistel auch den Tod bringen. In der Bronzezeit sollen rituell geopferte Menschen mit einem Speer getötet worden sein, dessen Spitze aus dem Zweig einer Mistel gefertigt war.

Heutzutage ist es allgemein bekannt, dass Extrakte aus Mistellaub als Injektion eine immunstimulierende, krebshemmende Wirkung haben. Der Tee oder die Tinktur hilft, Blutdruck zu regulieren und unfruchtbaren Frauen ihren Kinderwunsch zu erfüllen. Die Mistelbeere hingegen findet kaum Beachtung in der Heilkunde. Lediglich Hildegard von Bingen empfiehlt, bei „Verhärtung der Leber", die auf eine maßlose Lebensweise zurückzuführen ist, eine komplizierte Zubereitung aus dem Schleim einer Birnenmistel. Dieser wird zusammen mit Huflattich, Wegerichwurzeln und anderen Pflanzen in Wein mazeriert und am Morgen nüchtern eingenommen.

# Himmelsstrahlen und Erdenleuchten

## STERNDOLDE, STRENZE

*Astrantia major*

*Im Winter liegt hier tiefer Schnee, Eis bedeckt den stillen See;*
*dunkle Fichten wurzeln am Hang, Heidelbeeren und etwas Heide.*
*Ende Mai, es dauert nicht lang, kommt's Vieh auf die Sommerweide.*
*Das Dorf liegt im Tal, Nachbarn hat's keine, außer Steine,*
*bellende Füchse, Gams und Hirsch,*
*und im Herbst den Jäger auf der Pirsch.*
*In blauer Ferne Gletschergipfel ragen.*
*Idyllisch ist's, das kann man wohl sagen.*
*Und dennoch, ob's gefällt oder nicht,*
*auch hier zeigt die Welt ihr garstig Gesicht.*
*Versicherungszwang, Stromgebühren, Hundesteuer,*
*Mobilfunkturm, Flugzeuglärm, Holztransportungeheuer,*
*Schulzwang für Kinder, Blauzungenkrankheitsimpfung für die Rinder.*
*Behördenbescheide und hohe Steuern machen Stress, tun die Seele scheuern,*
*und dieses und jenes Gesetz, man kommt ins Gehetz'.*
*Alles wird reguliert, organisiert und kontrolliert,*
*dass einem dabei fast das Herz gefriert.*
*Nein, das weltlich Getose macht nicht Halt vor der Natur, vor Berg und Wald.*
*Ich will nicht klagen, aber wieder mal war kaputt der Wagen;*
*Getriebeschaden in der alten Rostlaube,*
*ein Schlosserfreund muss unter die Motorhaube.*
*Verärgert lief ich ins Tal, den Waldpfad entlang,*
*kümmerte mich nicht um Waldesgrün und Vogelgesang,*
*war verspannt, versunken in trübe Gedanken,*
*gefangen in eigenen, engen Schranken.*
*Da sah ich dich. Da traf mein Blick dich, Holde,*
*blühender Stern auf Erden, Sternendolde.*
*Dein Leuchten klang wie Elfengesang,*
*den man nicht vergisst sein Leben lang:*
*„Ich bin ein Kind der Sterne, geschaffen aus kosmischer Harmonie,*
*ihren Strahlenkräften verdank' ich meine Farben und Geometrie;*
*bin auch ein Kind der Erde; sie lieh mir den Stoff für's Kleid,*
*bin ganz in ihr geborgen, bin Augenblick in der Ewigkeit.*
*Auch du bist Kind des Himmels und der Erde, der feuchten.*
*Wirf' ab den Wahnsinn, und lass' deine Seele leuchten;*
*musst zwar die Welt erdulden, doch belade dich nicht mit Schulden.*
*Gedenk' deines Ursprungs und dem wahren Wesen,*
*dann wird auch die Welt um dich herum genesen.*
*Auch ich brauch' dich und deines Blickes bewundernden Schein,*
*das macht mich stark und lässt mich wachsen und gedeih'n!"*
*So sprach das kleine Blümlein fein –*
*und ließ mich wieder fröhlich sein.*
*Sternendolde: Du bist ein Dämonenschreck,*
*sehen sie dich, schon sind sie weg!*

Beim ersten Blick glaubt man kaum, dass die Sterndolde oder Strenze mit ihrem milchweißen, rötlich angehauchten sternförmigen Blütenkopf ein Doldengewächs ist. Sie gehört zu den *Saniculoidae*, einer recht ungewöhnlichen Unterfamilie der Doldenblütler mit seltsamen Blütenständen, zu der auch der heilkräftige Waldsanikel und der wie eine Distel auftretende Mannstreu gehören. Man könnte meinen, sie sei ebenso heilkräftig wie der aromatische Sanikel, der im Allgäu als Allheilmittel gilt, die Lunge befreit und die Verdauung anregt. Aber sie ist es nicht. Ihre schwarze Wurzel ist scharf und purgierend und findet keine Verwendung. Und wenn es in der Pestzeit hieß: „Bibernell und Stränz, ist gut für Pestilenz!", dann war mit Stränz nicht die Sterndolde gemeint, sondern die schweiß- und harntreibende Meisterwurz *(Peucedanum)*, die ebenso benannt wird.

Wissenschaftler rätseln, warum wir Blumen als schön empfinden. Ihre Form und Farbe – sagen sie – sei durch natürliche Auslese entstanden und diene Überlebensstrategien, etwa um Insekten zu locken. Aber wer weiß? Vielleicht sind Blumen auch eine Botschaft von Gaia an unsere Seele, ebenso wie sie Futterfreude für Insekten sind. Vielleicht sind sie schön, um uns zu erfreuen, um uns wieder vernünftig zu machen, um uns an unsere göttliche Herkunft zu erinnern, an unsere Eltern: den Sternenkosmos und die gute Erde.

# Feuerwurz aus südlichen Gefilden

## SCHMERWURZ

*Tamus communis, Dioscorea communis*

Die zierliche Pflanzenranke mit unreifen Beeren, die sich später korallenrot färben werden, und einer unscheinbaren grünlichen Blüte, gehört der Schmerwurz. Die zweihäusige Pflanze mit ihren windenden Stängeln, ihren gegenständigen, herzförmigen Blättern, die auf der Oberseite aussehen als seien sie lackiert worden, und ihrer großen ausdauernden, schleimig-speckigen Knolle, wächst vor allem im südlichen Europa. Sie kommt aber auch an Waldrändern und in Buchenwäldern in Südwestdeutschland, im Elsass und in der Schweiz vor.

Wir können uns fragen, was macht die Schmerwurz hier in unseren nebeligen, kühlen Ländern? Sie ist doch ein Yamswurzelgewächs, eine *Discoreaceae.* Die Yams-Arten sind doch Kinder der Tropen, Kurztagpflanzen, die nur dort blühen, wo das Tageslicht im Sommer kaum länger dauert als im Winter. Eine Durchschnittstemperatur von 20° Celsius, hohe Luftfeuchtigkeit, regelmäßige Niederschläge und gute Humusböden sind weitere Bedingungen für ihr Gedeihen. Wenn diese Voraussetzungen stimmen, dann bilden diese Schlingsträucher große knollige Speicherwurzeln – manchmal auch Luftknollen –, wovon manche ein Gewicht von bis zu 50 Kilogramm erreichen.

Tropenreisende haben sicherlich schon mal die stärkehaltigen Wurzeln, deren Nährwert den Kartoffeln gleichkommt, in irgendeiner Form – geröstet, gebraten, gekocht, zu Chips oder Flocken gemacht – verzehrt, ohne unbedingt zu wissen, was sie da gegessen haben. In Asien war es vielleicht die Brotwurzel *(D. batata)* oder die chinesische „Süßkartoffel“ *(D. esculenta)*, in Afrika war es die Wasser-Yams *(D. elephantipes)*, auch Elefantenfuß oder Hottentottenbrot genannt, und in der Karibik war es vielleicht die Flügel-Yams *(D. alata)*, die wahrscheinlich aus Afrika verschleppte Sklaven in die Neue Welt mitbrachten.

Es gibt ungiftige, aber auch giftige Yams-Arten. Einige der essbaren Arten enthalten das giftige Alkaloid Dioscorin, das sich aber beim Kochen verflüchtigt. Einige Sorten werden zum Betäuben von Fischen zerrieben ins Wasser geworfen; eine afrikanische Art wird sogar als Pfeilgift, eine andere zum Abtöten von Läusen verwendet. Eine Art *(D. convolvulaceae)*, von den Mayas „Mutter des Mais“ genannt, wird als Seife benutzt.

Wie aber verhält es sich mit unserer Schmerwurz? Ist sie essbar, ist sie giftig? Ein Eintrag im Giftpflanzenregister ist ihr auf jeden Fall sicher. Die ganze Pflanze enthält hautreizende, histaminähnliche Stoffe: Steroid-Saponine, Kalziumoxalat-Nadeln und andere Stoffe, die die Schleimhäute des Verdauungssystems reizen, Brechreiz erzeugen und bei Überdosierung sogar tödlich wirken können. Dennoch gaben ihr einige Botaniker den schmeichelhaften Namen *Tamus edulis. Edulis* bedeutet „essbar“. Tatsächlich berichtete schon der antike Militärarzt und Heilpflanzenmeister Dioskorides – nach ihm wurde die Gattung benannt –, dass die jungen Triebe im alten Griechenland gegessen wurden. Auch die Mauren und Andalusier essen sie wie Spargel oder Hopfentriebe im Frühling, weichen sie aber vorher in heißem Wasser ein und schütten es weg, damit keine Giftwirkung zurückbleibt. Im süddeutschen Raum aß man in früheren Zeiten die Jungtriebe ebenfalls, aber ohne Wasserwechsel.

Als „Kotzrübe“ oder „Brechwurzel“ sollte sie Erbrechen und Durchfall erzeugen, um den Körper von Krankheitsstoffen zu reinigen. Der Wurzelsaft galt als entzündungshemmend und die zerriebene Wurzel wurde als „Rötungsmittel“ – sie bringt das Blut zur Hautoberfläche –, bei Rheuma, Gicht und schmerzenden Gelenken eingesetzt. Wegen der hautreizenden Wirkung wurde sie auch Feuerwurzel genannt. Wurzelscheiben, frisch aufgelegt, helfen die durch Prellungen und Quetschungen verursachten grünlichgelben, blauen Flecken auflösen. In dieser Eigenschaft nennen die Franzosen die Pflanze *Herbe aux femmes battues*, „das Kraut der geschlagenen Frauen“. Die Schmerwurz wurde oft mit der Zaunrübe *(Bryonia alba)*, einem rankenden Kürbisgewächs, verwechselt. Deswegen nannte man die Schmerwurz auch „Schwarze Zaunrübe“ (englisch *black bryony*, französisch *vigne noire*).

# Das Kraut der Frauen

## FRAUENMANTEL
### *Alchemilla vulgaris*

*„Sinnau, Sinnau, du heiliger Sinnau,*
*das sind die Sinnauwurzeln,*
*unserer lieben Frau ihr Mantelkraut.*
*Die Wurzel ist eine Wurzel über alle Kräuterwurzeln.*
*Diese sind die Sinnaukräuter unserer lieben Frau.*
*Ihr Mantelkraut ist ein Kraut über alle Kräuter,*
*ein Kräutlein über alle Kräutlein.*
*Unsere liebe Frau ist die reinste Jungfrau,*
*ist eine Frau über alle Frauen,*
*eine Frau über alle reinsten Jungfrauen.*
*Weil du bist und was du bist,*
*und weil du über alle Kräuterwurzeln zum Heilen bist,*
*o heiliger Sinnau, bitte ich Gott den Allmächtigen*
*und die reinste Jungfrau Maria für den Kranken*
*für alle Krankheiten, die in seiner Person regieren,*
*zu doktern und zu heilen:*
*Zieht's ab, heilt's ab! Zieht's aus, heilt's aus!"*

Magische Lieder wie dieses, in denen der Geist der Heilpflanze direkt angesprochen wird, sind bei den Heilern und Schamanen praktisch aller naturverbundenen Völker bekannt. Hier handelt es sich um ein Lied, mit dem einst die heilkundigen Kräuterfrauen und Bäuerinnen der Steiermark den Frauenmantel beschworen und besangen. Das bescheidene Wiesenkräutlein mit seinen unscheinbaren, grünlichen Blüten gilt in der Volksheilkunde als das erste und allerbeste Frauenheilkraut. Es wird unmittelbar mit der göttlichen Jungfrau in Beziehung gesetzt.

Das Blatt hat die Form eines Umhangs oder Mantels, wie ihn die Frauen einst trugen. Vor langer Zeit, ehe die Große Göttin sich in die Maria verwandelte und das Heilkraut zum Liebfrauenmantel oder Muttergottesmäntelchen wurde, war es der Umhang der Freya, der „Herrin", der Göttin der Liebe und der Fruchtbarkeit. Freya, glaubten die Germanen, verkörpere sich in jeder Frau. Und jede Frau findet im Frauenmantel einen Schutz ihrer Weiblichkeit. Verwendung fand er bei allen Frauenbeschwerden, etwa bei unregelmäßiger, zu starker oder schmerzhafter Monatsblutung, bei Ausfluss, Verletzung bei der Geburt, Unfruchtbarkeit, Gebärmuttertrauma nach Vergewaltigung oder Abtreibung, Eileiterentzündung und anderen Unterleibserkrankungen.

Lange belächelte die Schulmedizin diese „abergläubische" Anwendung. Man bezweifelte, dass der Frauenmantel, außer einigen Gerbstoffen, effektive Wirkstoffe besitzt. Die Frauen blieben jedoch bei ihrer Meinung, denn sie hatten mit dem Frauenkraut über Jahrtausende hinweg gute Erfahrungen gemacht, und diese wurden bestätigt: Fortschritte in der Wirkstoffanalyse haben den Frauen inzwischen Recht gegeben.

Am frühen Morgen, noch vor Sonnenaufgang bilden sich an den Blatträndern kleine perlende „Tautropfen". Sie sammeln sich dann in den trichterförmigen Vertiefungen der Blätter und funkeln in der Morgensonne wie Diamanten. Für die meisten Menschen ist es lediglich Tau, aber es sind „Guttationen", die von Innen kommen und ausgeschieden werden. Für die Kelten war das aus dem Nichts erscheinende Wasser, das weder vom Himmel als Regen fällt, noch aus der Erde quillt, eine Gabe der „Anderswelt". Mit solchem Wasser ließ sich zaubern und heilen. Auch die mittelalterlichen Alchemisten waren von dem energiegeladenen Wasser angetan. Aus dieser *„prima materia* in flüssiger Form" bereiteten sie ihre Elixiere und versuchten sogar den Stein der Weisen herzustellen – weswegen die Pflanze auch als „Kraut der Alchemisten" oder *Alchemilla* bezeichnet wurde. Für die Hebammen und heilkundigen Kräuterfrauen war die Signatur eindeutig: Diese Pflanze menstruiert.

Der altdeutsche Name Sinnau setzt sich zusammen aus *sin*, „beständig, fortwährend" (wie die *Sint*flut), und „Tau" (mittelhochdeutsch *tou, dau*): Es ist die Pflanze, die immer im Tau liegt.

# Sinnbild der universalen Dreifaltigkeit

## BERGWIESENKLEE
*Trifolium montanum*

*Hab' viel studiert, warum aber, oh weh,*
*find' ich nie den heißbegehrten Klee?*
*Ich meine den mit Blättern vier,*
*sicherlich wächst er irgendwo hier,*
*nicht den, mit den gewöhnlichen drei,*
*der ist mir wurscht und einerlei.*
*Das Zwergenvolk, das sei verflucht,*
*wie oft schon hab ich den Glücksklee gesucht!*
*Der Hirtenbub aber, der Dummerjan,*
*der Hans, der sonst nichts Gescheites kann,*
*der braucht sich nur herabzubücken*
*und schon tut er ein Vierblatt pflücken,*
*ohne zu suchen, einfach so*
*findet er's, und drückt's mir froh*
*in die Hand. Es sagt mir sein schelmischer Blick:*
*„Hast zuviel im Kopf, übersiehst dabei das Glück!"*

Wandern wir gegen Ende Mai oder Anfang Juni in die Berge, dort, wo das Gestein kalkhaltig ist und der Boden nie gedüngt wurde, da begegnet uns der hier abgebildete, in lockeren Beständen zwischen Gräsern und anderen Kräutern wachsende, weiß blühende Bergwiesenklee, der auch Spitzklee genannt wird. Er ist eine sehr ausdrucksstarke Pflanze und wächst in höheren Lagen als der bekannte Weißklee *(T. repens)*, der seine Blütenteppiche sonst überall auf Wiesen, Weiden und auch Ackerrändern ausbreitet.

Für die alten Kelten waren alle der ungefähr 250 Kleearten der Gattung *Trifolium* heilig. Sie galten als Sinnbild der universalen Dreifaltigkeit des Seins: Triaden wie Himmel/Erde/Unterwelt, Mann/Weib/Kind, Nacht/Dämmerung/Tag, Wurzel/Schaft/Blüte, Anfang/Mitte/Ende, Bauern/Krieger/Druiden oder Kindheit/Reife/Alter machten für diese Früheuropäer die Wirklichkeit aus. Die Große Göttin erschien immer in dreifacher Gestalt als drei Matronen: als weiße Jungfrau, als rotgewandete Spenderin des Wohlstandes und der Fruchtbarkeit und als düstere Alte, die das Entstandene wieder auflöst.

Bei den Inselkelten galt der blühende Weißklee als Fußspur dieser Göttin in Gestalt der jugendlichen Keridwen oder der schönen, in flammend roter Seidenrobe gekleideten Olwen, „deren Haare gelber als Ginster und deren Augen heller als von einem einmal gemauserten Habicht sind". Schon deswegen galt der Klee als segensreich und war Glückssymbol. Olwen bedeutet „weiße Spur": Wo immer ihr Fuß den Boden berührt, blüht der weiße Klee auf und es wird Sommer.

Sankt Patrick soll anhand eines Kleeblattes den schwer zu bekehrenden Iren die Dreifaltigkeit – Vater, Sohn, Heiliger Geist – erklärt haben. Er sagte ihnen: „So wie die Blätter an einer Stelle entspringen und doch nur ein Blatt sind, so gehen von Gott drei Teile aus, die ein Ganzes bilden!" Selbstverständlich kannten die irischen Kelten schon längst den Gedanken der Dreifaltigkeit und bedurften dieser Belehrung nicht. Patrick hat mit seiner Kleeblattpredigt lediglich das Christentum mit dem druidischen Glauben verknüpft.

Wenn einem der blühende grüne Klee im Traum erscheint, dann bedeutete das – so die Briten – glückliche Ehe und Wohlstand. Die Redewendung „to live in clover" lässt sich etwa übersetzen als „wie Gott in Frankreich leben", also in Luxus und Reichtum. Es bedarf aber keines Traumes, es genügt ein vierblättriges Kleeblatt zu finden, dann wird man Glück haben. Man muss es aber unmittelbar, ohne absichtliches Suchen und zwar in einem magischen Zeitraum – beim Sonnenaufgang zu Johanni oder am Maitag – finden, dann ist man sich der Liebe und Wunscherfüllung sicher. Auch zauberische Trugbilder, die einen betören, und Flüche lassen sich mit einem vierblättrigen Kleeblatt auflösen. Und selbstverständlich eignet sich die Pflanze der jugendlichen Weißen Göttin auch zum Liebeszauber.

# Gegen Kälte und Nässe gefeit

## MITTLERES WINTERGRÜN

*Pyrola media*

Wintergrün hat immergrüne lederartige, rundlich-eiförmige Blätter, die an Birnenblätter erinnern – daher auch der Name der Gattung *Pyrola*, (lateinisch: *pirola* = Birnbäumchen). Als *Pirola* wird es schon 1485 im „Gart der Gesundheit" erwähnt, und Birnbäumchenkraut ist eine alte volkstümliche Bezeichnung. Bekannter ist jedoch Wintergrün (englisch *wintergreen*, niederländisch *wintergroen*, schwedisch *vintergrön*, französisch *verdure d'hiver*). Der Name passt gut: Wenn der Frost alles Grün dahingerafft hat und Schnee den Boden bedeckt, dann bleiben die Blätter immer noch grün.

So lernte ich als Jugendlicher das Wintergrün bei meinen Streifzügen durch die kahlen winterlichen Wälder Ohios gut kennen. Man konnte sie einfach nicht übersehen. Welche Art von Wintergrün es war, die mir da begegnete, konnte ich damals nicht wissen. Die Gattung *Pyrola* kennt 35 Arten, davon mehrere in Nordamerika. Auf jeden Fall duften die zerriebenen Blätter angenehm nach Wintergrünöl.

Die Indianer benutzten die aromatischen Blätter im Schwitzbad bei Muskel- und Gelenkschmerzen, tranken Abkochungen bei Fieber, Erkältung und Durchfall, wuschen Hautausschläge damit oder bestreuten Wunden und Geschwüre mit den gerösteten, zu Pulver gestoßenen, antiseptischen Blättern. Bei Nierenproblemen und Blasenentzündung tranken sie einen Blätterabsud.

Viele Europäer kennen den Duft nicht oder mögen ihn nicht, da er eher als „klinisch" empfunden wird und an Zahnarztpraxen erinnert. Ich fragte Frank Brunke, ob die zerdrückten Blätter dieses Mittleren Wintergrüns ebenfalls duften. Denn es gibt auch Arten, bei denen der Duft nicht besonders ausgeprägt ist. „Um Himmelswillen," antwortete er, „die Pflanze ist so selten, dass ich sie respektvoll und vorsichtig anging. Ihr ein Blatt abzuzwacken und daran zu riechen wäre mir nie in den Sinn gekommen!"

In den USA ist das Wintergrünaroma inniger Bestandteil des *American Way of Life*. Es gibt Kaugummi, Pastillen, Zahnpasten und Drops – etwa Life Savers – mit *Wintergreen*-Geschmack; es kommt in Schnupftabak, Parfüm, Kosmetika, Mundwasser und auch mit in das berühmte *root beer*, das aus Sassafraswurzelrinde gebraut wird. Die amerikanische Volksmedizin verwendet wintergrünölhaltige Salben äußerlich zur Behandlung von Muskelschmerzen und rheumatischen Beschwerden. In Europa jedoch werden die seltenen, geschützten Pflanzen kaum mehr medizinisch verwendet.

Die meisten *Pyrola*-Arten, deren Heimat sich von Europa über Sibirien bis Nordamerika erstreckt, enthalten Methylsalicylat, das für das typische Duftaroma verantwortlich ist. Auch andere Heidekrautgewächse, insbesondere die Wintergrünsträucher (*Gaultheria* sp.) und Winterlieb *(Chimaphila)*, aber auch Birken und Mädesüß, enthalten diesen Methylester der Salicylsäure. Botaniker vermuten, dass diese Pflanzen das Wintergrünöl zur Abschreckung von Fressfeinden und Viren entwickelt haben. Das mag sein. Es hilft ihnen aber auch, mit Kälte und Nässe fertig zu werden.

Wintergrünarten, als Überlebende der Eiszeit, fühlen sich wohl in kalten, höheren Berglagen und auf feuchten moorigen Böden. Sie trotzen, wie Birken und Mädesüß, der Kälte mit selber hergestelltem „Aspirin" (Salicylsäure ist ja die Vorstufe zu diesem schmerzlösenden Medikament). Darauf beruht wohl auch ihre medizinische Wirkung. Methylsalicylat ist aber giftiger und gefährlicher als Aspirin. Überdosierungen reizen Magen und schädigen Leber und Nieren. Was in niedrigen Dosierungen angenehm duftet und schmeckt, kann hochdosiert sogar tödlich sein. Auch die äußere Anwendung ist nicht unbedingt unproblematisch. Im April 2007 starb in New York eine 17-jährige Langstreckenläuferin nach dem übermäßigen Gebrauch einer muskelschmerzlindernden Salbe auf Wintergrünölbasis.

Die hier abgebildeten kugeligen, weißen, in einfachen lockeren Trauben zusammengefassten, nickenden Blüten des Wintergrüns lassen uns erkennen, dass es sich um ein Heidekrautgewächs handelt. Ähnliche Blüten finden wir bei der Rosmarinheide, der Bärentraube, der Rauschbeere und anderen *Ericaceaen*. Die Blüten haben klebrige Pollen in Viererpackung, die sich an besuchende Fliegen kleben.

# Amazonenarmee auf dem Vormarsch

## JAPANISCHER STAUDENKNÖTERICH

*Fallopia japonica*

Ich hab ihn mir in den Garten gesetzt, den Riesenknöterich. Weil er mir gefällt. Eine Pracht, diese rötlichen, knotig gegliederten Stängel, die ihn wie eine Art Bambus aussehen lassen, diese sattgrünen herzförmigen Blätter und dann im Hochsommer die ährenartigen Blütenstände mit weißen, buchweizenähnlichen Blüten, an denen sich Bienen und Schwebefliegen laben! Im Frühling, nach der Schneeschmelze, kann ich sein Hervorbrechen kaum erwarten. Er nimmt sich dabei Zeit. Gräser und Löwenzähne grünen schon, Himmelsschlüssel, Veilchen und Scharbockskraut blühen schon, und noch regt sich bei diesem Japaner nicht viel. Aber dann sieht man die ersten dicken Triebknospen. Hellrot sind sie. Und nun fangen sie an zu wachsen, nein, praktisch zu explodieren. Zehn bis 30 Zentimeter sind es, die sie pro Nacht emporschießen. Jeden Morgen gehe ich in den Garten, nur um zu sehen, wieviel sie zugelegt haben. Noch sind sie zart und saftig, und schmecken köstlich sauer – so ähnlich wie der verwandte Sauerampfer, der zur selben Familie der Knöterichgewächse gehört, den *Polygonaceae*, deren Name „mit den vielen Knien“ bedeutet.

Die Kinder im östlichen Asien essen die Schösslinge beim Spielen oder bei Schulausflügen ebenso gerne, wie unsere Kinder den Sauerampfer essen. Aus diesen Trieben ließe sich ein hervorragender Rhabarberkuchen backen. Die chinesische und japanische Küche kennt viele Rezepte mit den jungen Schösslingen. In Ostasien werden sie, ähnlich wie der Spargel bei uns, als Frühjahrsgemüse gekocht. Auch werden sie beim Austreiben durch Bedecken gebleicht und dann, gesalzen, wie Sauerkraut eingemacht.

Nicht jeder teilt meine Begeisterung für den Neophythen, der erst 1823 als Zierpflanze nach Europa gebracht wurde und von Liebhabern außereuropäischer Gartenzierpflanzen angepflanzt wurde. Der wild wuchernde, bis zu vier Meter hohe stattliche Exot, der munter seine Ausläufer in alle Richtungen schickt, sollte unter anderem auch als Viehfutter und zur Wildäsung dienen. Leider aber wird er von Weidetieren und Rotwild gemieden. Kleinen Nagern und Vögeln bietet er jedoch Schutz und Bienen stellen aus dem Blütennektar einen guten Honig her, der im Geschmack an einen feinen Buchweizenblütenhonig erinnert.

Inzwischen hat sich der Staudenknöterich, der weder Fressfeinde noch Konkurrenzvegetation zu befürchten hat, mächtig verbreitet und überwuchert in dichten Beständen Flusstäler, Wald- und Straßenränder. Das hat er – oder besser *sie* – ohne Samen und nur mit seinen Wurzelausläufern geschafft, denn die eingeführten Pflanzen waren allesamt weiblich; es fehlt ihnen der männliche Partner, der sie bestäuben könnte. Sie sind sozusagen eine pflanzliche Amazonenarmee. Breiten sie sich so aggressiv aus, weil sie ihre „Männer“ suchen? Es sind Nagetiere, die ihnen dabei helfen, indem sie die Wurzeln verschleppen, auch wütende Gärtner, die sie ausreißen und in Gräben oder Halden deponieren, wo jedes Wurzelstück munter weiterwuchert. Kippt man sie in Bäche oder an Flussufer, werden sie bei Überflutungen mitgerissen und besiedeln so neue Stellen.

Das treibt die Naturpuritaner zur Weißglut. Verzweifelt müssen sie zusehen, wie die aggressiven Neulinge die einheimische Vegetation verdrängen – das Schilf, das Rohrglanzgras. Trotz Totalherbiziden wuchern die bambusähnlichen Bestände munter weiter. Aber es gibt auch Botaniker, die sich sicher sind, dass nach einigen Jahrzehnten die Neueinwanderer ihre Wucht verlieren und sich in das Ökosystem einpendeln und allmählich zu friedlich angepassten „Archäophythen“ (Alteinwanderern) werden. Biogärtner haben inzwischen entdeckt, dass Extrakte dieses Knöterichs vorbeugend bei Mehltau, Blattpilz und Feuerbrand – die die Kulturpflanzen befallen – benutzt werden können. Auch gegen Krautfäule an Tomaten und Grauschimmel an Paprika wird der Extrakt genutzt.

Noch aufregender ist die Entdeckung, dass die Wurzel ein wichtiges Phytotherapeutikum zur Behandlung der Borreliose sein kann. In der traditionellen chinesischen Kräuterkunde spielt die als leicht bitter geltende Wurzel eine bedeutende Rolle. Sie entgiftet und hemmt Keime.

# Was die Pflanzen offenbaren

*Meine Verbindung zu unseren grünen Verwandten*

Arthur Hermes, der auf einem abgelegenen Einödhof im waadtländischen Jura lebte, war sozusagen einer meiner Gurus. Er öffnete mir wieder die Augen für die Beseeltheit der Natur

Im Sommer glich der Garten des alten Bergbauern einer Wildnis. Blumen, Kräuter und Gemüsepflanzen, die er – „wie kleine Kinder in ihre Bettchen" – liebevoll in Mulch eingebettet hatte, Beerensträucher, Obstbäume, Brennnesselhorste und Heilpflanzen wuchsen wild durcheinander. Der Garten sang hörbare Melodien: Es summte und zirpte, und Vögel zwitscherten. Pulsierendes Leben überall: Dicke Regenwürmer unter der Laubdecke, schillernde Käfer, die es eilig hatten, Schmetterlinge, die wie losgelöste Blüten über dem Garten tanzten, glücklich mampfende Raupen und überall auf Patrouille, wach und intelligent, seine „kleinen Mitarbeiter", die Ameisen.

„Weißt du, wir bewegen uns durch die Seelenleiber der Pflanzen hindurch," sagte der alte Meister, als wir einmal durch diesen Garten liefen. „Jede Pflanze ist durch unsichtbare Fäden mit den Sternen verbunden. Die Pflanzen haben ihren Geist, ihr ‚Ich', am Firmament, in den Sternenkonstellationen!"

So etwas hatte ich im Biologieunterricht nie gehört. Was mir damals recht „mystisch" vorkam, habe ich erst viel später, dank indischer Weiser und indianischer Medizinleute, verstehen können. Wenn wir die Pflanzen überhaupt wahrnehmen, so dann meist nur als eintönigen Hintergrund. Die grünen Mitbewohner unserer Erde drängen sich ja nicht auf, sie schreien uns ja nicht an, jagen uns nicht nach und – abgesehen von Disteln, Brennnesseln oder der Herkulesstaude – beißen auch nicht. Sie wirken in der Stille. In dem Sinn gleichen sie den Meistern des *Tao*, Meistern des *Wu Wei*, des „Nicht-Handelns": Sie gleichen Flüssen und Seen, die all die Täler beherrschen, nur weil sie die niedrigste Stellung einnehmen. Sie gleichen den Weisen, die die Menschen leiten und ihnen vorangehen, indem sie hinter ihnen gehen (Laotse, *Tao-Te-King*).

Hinter dem schlichten grünen Gewand der Vegetation verborgen, stehen mächtige Meister, Pflanzen-*Devas*, die uns auf Erden am Leben halten. Atemluft und Nahrung geben sie uns und – ohne dass wir es wissen – sie tanzen als Traumbilder und Inspirationen durch unsere Seelen.

Wie kann man sich solchen mächtigen Wesen nähern? Wie kann man mit ihnen bewussten Kontakt aufnehmen? Nun, als allererstes sollte man anhalten, herunterschalten, selber stiller werden, aus dem Getriebe der Zivilisation mal aussteigen, Uhr ablegen, MP3-Player aus den Ohren stöpseln, Schuhe ausziehen, sich neben einer Blume, die einen anspricht, auf den Erdboden setzen, den Kopf leer machen und ganz in die Sinne hineingehen. Die Sinne, nicht das Denken, sind die Tore zur beseelten Natur. Man braucht vorläufig gar nicht zu wissen, wie die Pflanze, bei der man sich niederlässt, heißt. Man sieht die Pflanze an, bis das Sehen ein Schauen wird, schnuppert an ihr, fühlt zärtlich ihre Oberfläche, betastet sie wie eine Geliebte. Das ist nicht für jeden einfach. Wenn man gerade den Bauch mit einer üppigen Mahlzeit gefüllt hat und mit der Verdauung beschäftigt ist, dann ist es schwerer. Wenn die Seele aufgewühlt ist, belastet von dunklen Gedanken, schlechtem Gewissen, Hass, Gier, Neid, dann ist es unmöglich, in die Wunderwelt der Pflanze einzusteigen. Pflanzenschamanen üben sich deswegen in den Tugenden einer gesunden und lauteren Lebensführung.

Wenn der Einstieg gelingt, dann sieht man Aspekte der Pflanze, die man nie zuvor gesehen hat (In Wirklichkeit sieht man ja ohnehin alles nur einmal!). Plötzlich leuchten die Farben viel intensiver, die Härchen und Fasern gleichen feinen Lichtstrahlen; man spürt die Lebenskraft, die von der Pflanze ausstrahlt. Plötzlich sieht man einen kleinen Käfer oder eine Fliege, die man vorher nicht bemerkt hatte, und deren Blick einen berührt. Es ist, als schaue die Pflanze zurück, als wolle sie wissen, wer da ist, der sich so intensiv mit ihr beschäftigt. Irgendwie merkt man, dass man sich nun nicht mehr in der alltäglichen Welt befindet.

*Bergwiesenklee am Abend*

Hirnphysiologen, die das Geschehen mit einem Elektroenzephalogramm (EEG) erforschen, würden wahrscheinlich von einer Veränderung der Hirnstromvorgänge in Richtung eines Alphawellenzustandes sprechen; oder vom Absinken des Adrenalins, Noradrenalins und Cortisols und dem Ausschütten von Endorphinen im Blutspiegel. Für die Cheyenne-Medizinmänner, die ich kannte, galten solche Überlegungen als Verfälschungen des wirklichen Geschehens. Für sie war offensichtlich, dass sie in eine „andere Welt" eingetreten waren, in den heiligen Bereich der Pflanzengeister; sie hatten das „Tipi des Pflanzenhäuptlings" betreten.

Wenn in diesem Zustand der Meditation die Farben regenbogenartig zu leuchten beginnen, dann befindet man sich auf einer höheren Ebene – oder auch tieferen Dimension – als das Alltagsbewusstsein. Die Pflanze ist nun nicht mehr ein Gegenstand, der einem da draußen entgegen steht. Beobachter und Beobachtetes fließen ineinander. Man befindet sich nun in einer feinen ätherischen Dimension, so dass man im Sinne von Rudolf Steiner sagen kann, dass man die Pflanze nicht mehr nur mit den physiologischen Augen schaut, sondern mit „ätherischen Augen". Gleiches wirkt auf Gleiches: Man sieht den „Ätherleib" der Pflanze mit den ätherischen Sinnen. Manche nennen diese Ebene die „energetische Ebene", man sei mit dem „Energiekörper" der Pflanze in Kontakt, heißt es. Aber das Wort Energie erinnert an Strom, Magnetismus oder Radioaktivität, hier haben wir es jedoch mit einer lebendigen formbildenden Kraft zu tun. Wünschelrutengänger, Pendler und Heiler, die die Hand auflegen, arbeiten mit solchen „feinstofflichen Energien". Auf dieser Ebene ist auch das bei vielen Naturvölkern praktizierte Tragen von Heilpflanzen als Amulett zu erklären. Auch unsere Volksmedizin kannte das. Der Schweizer Heilige Nikolaus von der Flüe heilte sich, indem er frische Heilkräuter auf seinen Körper auflegte.

Die flutende ätherische Welt der Pflanzen ist wunderbar und vielgestaltig. Sie füllt den Meditierenden mit Wonne. Diese Wonne stellt sich automatisch ein, wenn man zu diesem Bereich Zugang findet. Die Germanen kannten die Pflanzengötter als *Wanen* (nordisch *Vanir*), ein Begriff, der sprachkundlich mit dem Wort Wonne verwandt ist. Im Gegensatz zu dem stürmischen Göttergeschlecht der *Asen* waren die *Wanen* friedlich und voller Freude. Sie schenkten Lust, Wohlstand und Fruchtbarkeit.

Es ist möglich, aber äußerst schwer, noch tiefer in die Pflanzenmeditation hineinzukommen. Man kann die ätherisch-energetische Ebene übersteigen, und von der Geist-Seele der Pflanze berührt werden. Diese Begegnung gleicht einer Begegnung mit einer Gottheit. Sie verwandelt den Menschen. Südamerikanische Pflanzenschamanen bereiten sich auf eine derartige Begegnung vor, indem sie sich seelisch und geistig reinigen, lange fasten und dann nur weiße (Geister-) Nahrung zu sich nehmen, sexuell enthaltsam sind und sich für mindestens einen Mondumlauf in die Einsamkeit zurückziehen.

Und selbst dann hängt es von dem Pflanzengeist ab, ob er sich dem menschlichen Schauen offenbaren will oder eher nicht. „Nicht wir entscheiden das, es sind die Pflanzen selber, die uns rufen!", mahnte mich einst der Cheyenne-Medizinmann Tallbull. Die Begegnung mit Pflanzen-*Devas* ist zwar segensreich, aber nie einfach. Sie ist ein hartes Ringen.

# PERSONENREGISTER

# SACHREGISTER

# Wolf-Dieter Storl

Der Kulturanthropologe und Ethnobotaniker Wolf-Dieter Storl wurde am 1.10.1942 in Sachsen geboren. Als er elf Jahre alt war, wanderten seine Eltern nach Amerika aus. In seiner zweiten Heimat Ohio verbrachte er den Großteil seiner Freizeit in der Wildnis der Wälder. Nach seiner Schulzeit schrieb er sich als Botanikstudent an der *Ohio State University* ein, um sich dadurch verstärkt dem Studium der Pflanzen zu widmen. Er wechselte aber, vom Laborbetrieb der Universität angeödet, bald zur Völkerkunde (Anthropologie). Nach dem Abschluss dieses Studiums wurde er zunächst Assistent, dann Vollzeitdozent für Soziologie und Anthropologie an der *Kent State University*.

Doch es zog ihn wieder nach Europa zurück: Er promovierte 1974 als Fulbright Scholar zum Doktor der Ethnologie in Bern. Es folgten Lehrstellen am *Institute for International Studies* (Wien), am *Rogue College* (Oregon), am *Seminaire pour la Formation de Socio-Therapeutes* (Genf), als Gastdozent an der *Universität Bern*, als Visiting Scholar an der *Benares Hindu University* sowie als Lehrbeauftragter am *Sheridan College* (Wyoming).

Immer wieder bereiste er ferne Länder, wobei ihn besonders der Umgang der verschiedenen Kulturen mit der Natur interessierte. Diese Reisen sowie ethnographische und ethnobotanische Feldforschungen prägten sein Denken und fanden ihren Niederschlag in zahlreichen Publikationen. Besonders seine Erfahrungen in einer traditionellen Spiritistensiedlung in Ohio, als Gärtner in einer Camphill-Kommune südlich von Genf, bei alteingesessenen Bauern im Emmental, bei Medizinmännern der Northern Cheyenne und bei Shiva Sadhus in Indien und Nepal haben seine Lebensphilosophie nachhaltig beeinflusst.

Das Gärtnern, aber noch mehr die wilde, ursprüngliche Natur, die Wildpflanzen und Tiere, waren immer schon eine Quelle der Inspiration für ihn. Von den Cheyenne und traditionellen Völkern in Asien und Afrika sowie von den Überlieferungen und Erzählungen europäischer Bauern und Kräuterkundigen erfuhr er im Lauf der Jahre viel über das Wesen der Pflanzen, über ihre „spirituelle“ Dimension. So sind Pflanzen für ihn nicht nur „botanische Gegenstände“, sondern sie haben – durch ihre Wechselbeziehung mit den Menschen – immer auch eine kulturelle, sprachliche, heilkundliche und mythologische Identität.

Die traditionelle Pflanzenheilkunde der indigenen europäischen Waldvölker – der Kelten, Germanen und Slawen – sowie des frühchristlichen Mittelalters interessieren ihn gegenwärtig besonders. Seit 1988 lebt er mit seiner Familie im Allgäu, streift durch die Wälder, gärtnert – und schreibt Bücher.

# Frank Brunke

Frank Brunke wurde am 29.08.1960 in Aalen am Rand der Schwäbischen Alb geboren. Von Kindheit an interessierte er sich sehr stark für die Pflanzenwelt seiner unmittelbaren Umgebung. So prägten ihn im Alter von etwa drei Jahren seine ersten bewussten Begegnungen mit verschiedenen Pflanzen im heimatlichen Buchenwald und den daran angrenzenden Magerwiesen. Auch die gesamte Schulzeit hindurch fand er in der Natur einen Ausgleich.

Der jahrelangen Beschäftigung als Landschaftsgärtner folgten über zwei Jahrzehnte Selbstständigkeit in der Gartengestaltung. Immer wieder erweiterte er sein Wissen, besuchte Bibliotheken, führte eigene Versuche mit Pflanzen durch und eignete sich auf diese Weise ein umfassendes Fachwissen an. Durch den Austausch mit Gärtnern, Wissenschaftlern und Pflanzensammlern vertiefte er darüber hinaus dieses Erfahrungswissen ständig und setzte es gärtnerisch um.

Aufenthalte in verschiedenen Ländern Europas und Asiens erweiterten seine botanischen Kenntnisse. Bereits 1988 erlebte er die Seele von Pflanzen, als er in Afghanistan mitten in einem Minenfeld ein Meer von Tulpen erblühen sah. Aus diesem nachhaltigen Erlebnis heraus entwickelte sich das Verlangen, Pflanzen und ihr Wesen fotografisch zu dokumentieren.

Bei seinen Fotoarbeiten legt er besonderen Wert darauf, das von ihm erkannte Wesen und den Charakter der Pflanze bildhaft umzusetzen und dabei die zeitlose Form zum Ausdruck zu bringen. Jene Form, die nicht den Augenblick festhält, sondern vor allem den steten Fluss der lebendigen Natur zeigt.

Nach einer schweren Operation im Jahr 2008 erfuhr Frank Brunke nochmals verstärkt, wie sehr er mit der Natur in Verbundenheit steht. Wie Fühlen, Sehen, Riechen, Schmecken und das Erkennen des ganzen schöpferischen Prozesses eine Einheit bilden, in der er als Mensch eingebunden ist.

Er leitet Seminare, die auf die jeweilige Lebenssituation der Teilnehmer eingehen, außerdem auch Naturführungen für Kinder, Jugendliche und Erwachsene. Dabei ist es ihm ein Anliegen, durch seine Anregungen und Impulse einen Zugang für eine ganz persönliche Betrachtung der Natur zu bieten. Seit 1992 lebt er mit seiner Familie im Allgäu.

# IMPRESSUM

Mit 80 Farbfotos von **Frank Brunke.**
Mit einem Foto (Seite 157) von Jörg Brunke.

Umschlaggestaltung von solutioncube GmbH Reutlingen, unter Verwendung von 6 Fotos von Frank Brunke. Die Vorderseite zeigt (von oben nach unten): Augentrost *(Euphrasia rostkoviana),* Waldengelwurz *(Angelica sylvestris)* und Zottiges Weidenröschen *(Epilobium hirsutum).*
Auf der Rückseite sind zu sehen (von oben nach unten): Teufelskralle *(Phyteuma* sp.*)* und Schwalbenwurz *(Vincetoxikum hirundinaria).*

Das Foto auf der Seite 2 zeigt einen Hohlen Lerchensporn *(Cordyalis cava),* eine rosafarbene Variante

Unser gesamtes lieferbares Programm und viele weitere Informationen zu unseren Büchern, Spielen, Experimentierkästen, DVDs, Autoren und Aktivitäten finden Sie unter **kosmos.de**

Gedruckt auf chlorfrei gebleichtem Papier


ISBN 978-3-440-13808-3
Lektorat: Dr. Stefan Raps
Satz: solutioncube GmbH Reutlingen
Produktion: Siegfried Fischer, Markus Schärtlein
Printed in Germany / Imprimé en Allemagne

FSC®
www.fsc.org
MIX
Papier aus verantwortungsvollen Quellen
FSC® C004592